国家重点研发计划项目"东北黑土区侵蚀沟生态修复关键技术研发与集成示范课题"(2017YFC0504200)
吉林省教育厅项目"典型除草剂在黑土中的迁移特性及对土壤酸化作用的影响"(JJKH20200337KJ)　资助

农业面源污染迁移特征及防控技术

NONGYE MIANYUAN WURAN
QIANYI TEZHENG JI FANGKONG JISHU

马秀兰　王鸿斌　韩 兴　主编

U0257279

中国农业出版社
北 京

　　农业面源污染是农业活动所引起的各类污染物质，在大面积降水及径流冲刷作用下，大范围并且低浓度地在土壤圈内运动或从土壤圈向水圈扩展的过程。相对于点源污染，面源污染时空分布广，不确定性强，污染更为严重，过程更为复杂，更难治理及控制。近年来，随着工业化和城镇化的快速发展，我国农业发展也取得了举世瞩目的成就，但同时也付出了巨大的代价。我国是世界上最大的化肥和农药使用国，化肥、农药残留较多，加上畜禽养殖废弃物、农村生活垃圾与生活污水等，造成农业面源污染问题严峻。

　　新立城水库位于吉林省长春市东南部伊通河上游，是一座以向长春市供水为主，兼顾防洪、灌溉、水产养殖等综合利用的大（Ⅱ）型水库，是长春市的重要水源之一。近年来，新立城水库水源地保护区范围内出现了许多水质污染的问题，许多村屯、企业、种养殖业产生的大量生产、生活污水直接汇入新立城水库，使水库水质下降，并暴发富营养化事件，直接威胁长春市民的饮水安全。新立城水库作为松花江重要支流伊通河上的大型水库，对松花江流域水质的进一步恶化也构成了极大的影响。

　　农业面源污染和内源污染是对湖库水生生态系统污染程度至关重要的两个决定性因素。本书以新立城水库这一特殊的地理区域为研究区，主要研究了水库底泥和水库周边土壤中农田面源污染物的氮、磷形态，氮、磷、重金属铅和镍、抗生素环丙沙星和恩诺沙星等具有普适性的农业面源污染物在湖库水体和底泥之间迁移转化特性，系统体现了农业面源污染和内源污染在湖库水生生态系统中的关系，也对湖库水生生态系统自身的影响提供了理论依据。同时，研究水环境中污染物的迁移机理，为下一步提出有效的控制措施提供了科学依据，对保护水生生态环境具有重要意义。

本书共 7 章，本书编写成员主要有马秀兰、王鸿斌、韩兴等中青年教师，并先后有姜延、徐皓宇、徐祎璠等研究生参与。刘洪超（松辽水资源保护科学研究所）、张铎（长春市环境监察支队）在样品采集、分析及书稿编写等方面给予了大力支持。研究生张晨东、任力洁、王富民、孙静也在编写中提供了帮助。

本书可供农业、资源、环境、土壤及水土保持等专业领域，尤其是农业面源污染研究方向的师生、科研院所的研究人员参考。本书的编写得到了吉林农业大学资源与环境学院的大力支持，中国农业出版社对本书出版付出了大量的辛苦劳动，在此深表感谢！

由于水平有限，书中疏漏之处在所难免，敬请读者批评指正。

编 者

2020 年 11 月

目 录 //////////
CONTENTS

第一章

绪　　论

第一节　研究背景与意义

一、研究背景

水是人类生存的物质基础。中国淡水资源占全球水资源的 6%，居世界第 4 位，但人均占有量仅为世界水平的 1/4，被列入 13 个人均水资源贫乏的国家之一（李永庆，2017）。水资源是可再生资源，但受人类活动的影响，水体污染越来越严重。水体的污染主要是指水体的富营养化问题，而水体的富营养化主要是水体中含有的氮、磷等可供藻类利用的营养物质较多而造成的；同时，水体中重金属污染、农药和抗生素污染问题，也越来越多地引起人们的重视。《2018 年中国环境状况公报》显示，监测水质的 111 个重要湖泊（水库）中，Ⅰ类水质的湖泊（水库）7 个，占 6.4%；Ⅱ类 34 个，占 30.6%；Ⅲ类 33 个，占 29.7%；Ⅳ类 19 个，占 17.1%；Ⅴ类 9 个，占 8.1%；劣Ⅴ类 9 个，占 8.1%。主要污染标为总磷、化学需氧量和高锰酸盐指数。监测营养状态的 107 个湖泊（水库）中，贫营养状态的 10 个，占 9.3%；中营养状态的 66 个，占 61.7%；轻度富营养状态的 25 个，占 23.4%；中度富营养状态的 6 个，占 5.6%。湖泊（水库）重要渔业水域主要超标指标为总氮、总磷和高锰酸盐指数。与 2017 年相比，总氮、总磷和铜超标范围有所增加。近年来，国内相继发生了一些造成重大影响的水污染事件，使得水安全问题成为关注焦点（中国能源编辑部，2019）。

新立城水库位于吉林省长春市东南部伊通河上游，距长春市中心 20 km，集水面积 1 970 km²，是一座以向长春市供水为主，兼顾防洪、灌溉、水产养殖等综合利用的大（Ⅱ）型水库，是长春市的重要水源地之一（李永庆，2017；李青山，2008）。伊通河属第二松花江流域饮马河水系特殊支流，在新立城水库上游纳入伊丹河、下流纳入新开河。近几年来，长春市用水量在逐步上升，缺水问题也随之日趋严重。随着引松入长工程的实施，及石头口门水库供水能力的加大，在很大程度上缓解了长春市供水紧张的局面，但新立城水源地按设计能力，每年仍需向长春市供水 0.88 亿 m³，是关系长春市经济发展和310 万人口饮水安全的重要水源地，对长春市供水起着不可替代的作用（张德新，2008）。新立城水库水源地保护区范围内出现了污染水质的问题，许多村屯和企业产生的大量生活、生产、养殖和种植污水直接汇入新立城水库，使水库水质下降，并暴发富营养化事件。特别是 2007 年和 2008 年汛期，长春新立城水库由于富营养化而导致蓝藻大量暴发，直接威胁长春市民的饮水安全，而且新立城水库作为松花江重要支流伊通河上的大型水库，对松花江流域水质也进一步构成了极大的威胁（孙琳琳，2010）。

农业面源污染和内源污染是影响湖库水生生态系统污染程度的两个决定性因素。通过对氮、磷、重金属、抗生素等具有普适性的农业面源污染物在湖库水体和底泥之间迁移转化特性的研究，能为系统表现农业面源污染和内源污染在湖库水生生态系统中的关系，以及对湖库水生生态系统的影响提供理论依据。

面源污染（non-point source pollution）也被称为非点源污染或分散源污染（王晓辉，2006），其主要来自农田径流、农村生活污水及农村生活垃圾、养殖场畜禽粪便、农田的水土流失和城市污染物流失 5 个方面。农业面源污染是农业活动所引起的各类污染物质（沉积物、营养物、农药、病菌等），在大面积降水及径流冲刷作用下，大范围并且低浓度的在土壤圈内运动或从土壤圈向水圈扩展的过程（于峰，2008）。相对于点源污染，其时空分布广、不确定性强，污染更为严重，过程更为复杂，更难治理及控制（王学珍，2011）。国内外许多专家和学者的研究已经证实，面源污染物已经成为地表水及地下水污染的主要来源，而农业面源污染物则是面源污染物的主要来源及构成（尹澄清，2002；单保庆，2000；Huber A，1998；Reed T，2002；毛战坡等，2004）。

沉积物是各类水生动植物的生存基质与场所，也是整个湖库生态系统的重要组成部分。本书中提及的湖库底泥指新立城水库中的沉积物，其中氮、磷等营养物质主要来源为水域及周边环境，尤其是湖库周边人类日常的生产和生活的产出；沉积物是污染物的"源"也是污染物的"汇"，导致了沉积物中污染物质含量较高，是水生生态系统内源污染的主要构成。美国环境保护署认为：通过冲刷土壤、大气沉降、河岸的矿化及侵蚀而产生的含有对环境或人类健康有害的土壤砂砾、有机物或者矿物质，使这些污染物蓄积在水体底部，称为内源污染。在实际研究中，底泥中的氮、磷等营养元素含量过高也会产生水体富营养化，造成水质恶化，对环境或人类健康造成威胁；由此可见，氮、磷等营养元素也该被看作内源污染物（袁文权，2004）。湖库的内源污染，类似于面源污染，具有释放面广、释放时间长、释放方式及释放量存在不确定性的特点

(胡雪峰，2001)。

　　农业生产活动中，化肥、农药和畜禽粪便的大量不合理使用，污水灌溉农田，以及城市垃圾的随意堆放等，都会导致土壤、水体底泥中重金属和抗生素浓度增长。重金属污染已经成为不可忽视的全球性的环境污染问题。由于，重金属毒性大、不容易被化学或生物降解，并且重金属污染具有隐蔽性、不可逆性和长期性（王金贵，2011；杨金燕等，2005；姜强，2013），其污染一旦产生，将会造成严重的危害，而且尚无有效可行的处理方法，最终会导致重金属在土壤和底泥中的富集。通过工业废水、生活污水及地表径流等方式进入水体的重金属，会通过颗粒吸附、沉降等作用进入到湖库底泥中，以不同形式进入或吸附在有机质颗粒上，与有机质络合生成复杂的络合态金属。这类形态的金属相对稳定，绝大多数将会被固定在底泥中且不易释放（柯思捷，2013），使得底泥成了重金属的重要蓄积场所，沉积在底泥中的重金属会通过直接或者间接作用对水生生物造成威胁，进而可以通过富集及食物链等方式对人体以及生态系统构成威胁；底泥也常被作为农田肥料或者土壤底质来使用，这样就会使富集在底泥中的重金属被作物吸收，进而对人体造成危害。

　　近年来，抗生素药物在医疗和畜牧业中的广泛使用，使得大量抗生素污染物通过不同途径进入环境。虽然抗生素的半衰期不长，但由于使用量大，并且尚无有效的处理方法，导致抗生素长期存在于环境中，从而形成"假持续"现象（刘建超等，2012）。最终，抗生素沉积于土壤和水体底泥，造成水体污染。例如，因为喹诺酮类抗生素具有抗菌谱广、机体吸收效果好、半衰期相对较长等特点，得到人们的广泛应用（吴小莲等，2011），不仅用作医疗药物，还作为饲料添加剂。喹诺酮类抗生素进入机体后不能被完全吸收，大部分从体内排出。抗生素进入土壤和地表水环境，经雨水冲刷和地表径流汇入江河湖泊或渗入地下水，最终在水体底泥和土壤中蓄积。

　　农药在农业生产中作出了不可磨灭的贡献，如杀虫剂、除草剂和杀菌剂的使用，在减轻劳动强度的同时，也直接或间接地提高了农业作物的生产率（杨炜春，2007）。农药污染一直是人们关注的问题，莠去津是我国东北地区应用最为广泛的玉米田除草剂之一，半衰期为 14～109 天（刘超，2017）。由于农药的利用率较低，仅有小部分作用于目标作物，大部分通过渗入、地表径流进入土壤和地表水体，造成土壤和地表水污染，危害土壤及水体中的有益生物（Lizotte R，2017）；又因其结构稳定、长残留、难降解，在土壤和农产品中检出率仍然很高。

　　新立城水库作为长春市重要的饮用水水源地，其水质的优劣关乎居民饮用水的安全。对新立城水库水质氮磷、重金属、抗生素来源及分配比例的研究将成为新立城水库污染诊断和治理、管理中一个迫在眉睫的科研任务。多年来，由于大量的农田径流进入库区，导致新立城水库富营养化有加重的趋势。近年来，对于新立城水库水体富营养化的研究侧重于水体污染方面，本研究基于对新立城水库的底泥中农业面源污染物氮磷、重金属和抗生素的研究，以及在底泥中的吸附、解吸相关研究，为综合防治各类农业在面源污染物对湖库的污染提供理论依据。

二、研究意义

水环境污染已严重威胁着人类的生存和发展，成为亟待解决的重大环境问题之一。面源污染为可随机发生且直接对水生生态系统构成污染的污染物的来源（朱有为，2004）。湖库沉积物一般指湖泊水库的底泥，是自然水生生态系统的重要构成。当地表水体受到严重污染的时候，水中部分污染物质会通过颗粒吸附作用及沉降作用进入底泥，因而底泥成为水生生态系统中污染物的重要蓄积库（邹贞，2009；吴正斌等，2000）。近年来，我国湖库水体污染日益严重，导致湖库底泥的污染程度也呈加重趋势（沈亦龙，2004；王晓军等，2005；刘恩峰等，2004；刘凌，2005）。

吉林省作为我国的粮食主产区，由于人口增长和大规模的土地无序开发、农药和化肥的不合理施用，造成草地退化、湿地大量减少、耕地黑土严重流失，这些因素进而导致该地区面源污染严重和水体水质恶化（钱易，2007）。研究表明，水生生态系统中氮、磷浓度过高是水体富营养化的主要决定性因素，而底泥是湖库营养物质的主要归宿（万国江，1998）。莠去津是人们目前广泛使用的农药，其在土壤中具有高残留、持久性强等特点，其被土壤颗粒吸附后，极易从固相中被解吸出来，进入土壤溶液，使得莠去津通过地表径流进入地表水，通过沥滤被输送到含水层（张磊，2009）；在世界许多国家和地区的地表水和地下水中均已检测出了高浓度的莠去津残留物。喹诺酮类抗生素是我国临床使用量第二大的抗菌药物，因其结构稳定，可于环境中长期存在，对微生物、动植物和人类健康造成隐患。由于抗生素类药物应用广泛且缺少有效的去除方法，导致环境中的抗生素残留问题日益严重。很多抗生素随着雨水冲刷和地表径流进入江河湖泊，最终蓄积于土壤和底泥沉积物中。重金属毒性大，其污染具有隐蔽性、不可逆性和持久性，其污染一旦产生将会很难消除。

为确保人民身体健康，促进经济发展，通过非点源污染物氮、磷形态分级和吸附、解吸特性的试验分析，研究底泥中氮、磷的迁移转化，抗生素环丙沙星、恩诺沙星，及重金属 Pb、Ni 在土壤和底泥中的迁移转化，对研究湖库水生生态系统具有重要意义。同时研究水环境中污染物的迁移机理，对解决水体污染严重和水资源短缺的双重压力和建设国家生态安全重要保障区具有重要意义。对水库水体的水质和富营养化进行现状评价，为其水质变化和水质提高提供理论依据，并为下一步提出有效的控制措施提供科学依据，为政府对新立城水库水环境管理提供技术支撑，对保护水生生态环境具有重要意义。

第二节　研究进展

一、农业面源污染的定义

（一）点源污染

点源污染指由可识别的单污染源引起的空气、水、热、噪声和光污染。点源具有可以识别的范围，可将其与其他污染源区分开来。在数学模型中，该类污染源可被近似视为一点以简化计算，因此被称为点源。美国环境保护署将点源污染定义为"任何由可识别的污染源产生的污染"，其中的"可识别的污染源"包括但不限于排污管、沟渠、船只或者"烟囱"（Lee S I，1979）。对水污染而言，点源污染是指以点状形式排放而使水体造成污染的发生源，主要包括工业废水和城市生活污水的污染，通常有固定的排污口集中排放。

生活污水的排放量与水体中总磷含量呈显著正相关。磷营养元素污染的变化特征与生活污水排放的季节变化规律有较强的同步性。丰水期生活污水排放量大；枯水期生活污水排放量少；平水期生活污水排放量较枯水期大，较丰水期小。通过监测表明，接纳生活污水量大的水体水质总磷（TP）浓度较高，反之则相对较低（丁长春，2001）。生活污水中，人类的排泄物、合成洗涤剂等都含有大量的磷元素。据估算，我国人均体内排出的磷为 $1\ g/d$ 左右，消耗的洗衣粉中的磷为 $0.21\ g/d$。生活污水中还含有大量的有机氮和铵态氮，其主要来自食物中蛋白质代谢的废弃物，一般每人产生 $16\ g/d$ 含氮废弃物。食品加工企业（如乳制品加工）、化肥生产企业等工业废水中含有大量较高浓度的氮，当这些工业废水不加处理或处理不充分时，都将导致大量的化合物进入水体，造成严重的污染。含磷工业主要是磷化工行业，排放的污水中含有磷酸盐、氟化物、二氧化硅等物质（金相灿，2001）。某些工业企业排放废水中包含大量的重金属元素。制药厂废水中排放含有大量抗生素原液及其衍生物，对水环境造成极大的危害。

（二）农业面源污染

面源污染与点源污染相对应，《美国清洁水法修正案》定义的面源污染（Diffused pollution）或称非点源污染（Nonpoint pollution）为"污染物以广域的、分散的、微量的形式进入地表及地下水体"（Lee S I，1979），包括大气环境非点源、土壤环境非点源和水环境非点源。面源污染主要由土壤泥沙颗粒、氮和磷等营养物质、农药、抗生素、重金属、各种大气颗粒物等组成；通过地表径流、土壤侵蚀、农田排水等方式进入水、土壤或大气环境。水环境的面源污染包括大气干湿沉降、暴雨径流、底泥二次污染和生物污染等诸多方面，面源污染是伴随降水过程所产生的。地表径流污染，指已溶解的和固体的污染物从非特定的地点、非特定的时间，在降水（或融雪）和径流冲刷作用下，通过径流过程而汇入受纳水体（包括河流、湖泊、水库、港湾等）所引起的水体富营养化或者其他形式的污染（Novotny V，1994；武淑霞，2005；李海杰，2007；张维理等，2004）。

面源污染是导致地表水污染的主要原因，其中又以农业面源污染贡献率最大（Dennis L C，1997）。农业面源污染（agriculture non - point source pollution，ANPSP）具有广义和狭义两种概念（倪九派，2017）。狭义上的面源污染主要局限于对水环境的污染，指在农业生产和生活过程中，农田中的土壤颗粒、氮、磷、重金属、农药和抗生素及其他有机或无机污染物质不及时或者不恰当处理，在降水或灌溉过程中，通过农田地表径流、农田排水或地下淋溶，并伴随着一系列的物理、化学和生物转化进入水体，从而造成的地表水和地下水的污染（Ebbert J C，1998；杨勇等，2011；彭畅等，2010；李金峰，2015）。广义上的面源污染不仅包括水体污染，还包括农业生产过程中产生的过量或者未经过有效处理的污染物（化学肥料、农药、抗生素和畜禽粪便等），从非特定的地点，以不同形式对土壤、水体、大气及农产品造成的污染（吴岩等，2011）。从定义上可以看出，农业面源污染总体上是由于化肥、农药、地膜、饲料、兽药等化学投入品使用不当，以及作物秸秆处理不当或不及时，造成的对农业生态环境的污染（金书秦等，2017）。

二、农业面源污染的形成及特征

（一）发展历程

在全球范围，面源污染在 20 世纪 30 年代已被提出，当时主要提出了非点源污染与洪水密切相关，但对于面源污染的全面认识和研究始于 60 年代。最先使人类意识到面源污染潜在危害的是农药的使用，特别是 DDT 对河流水质的影响。由于对面源污染形成机理和过程认识不足，且监测资料较少，这一时期主要采用经验模型进行研究，如美国农业部开发的径流曲线方程（SCS）和早期的输出系数法。自 20 世纪 70 年代起，面源污染在世界各地逐渐受到重视，随着对面源污染理化过程研究的深入和对其输移过程的广泛监测，对面源污染特征、影响因素、单场暴雨和长期平均污染负荷输出等方面进行了初步研究（郑一，2002）。20 世纪 80 年代以来，研究重点转向如何把已有的模型应用到面源污染的管理中去，对面源污染影响因素和迁移转化理论的研究更加深入。

我国农业面源污染的研究从 20 世纪 80 年代初的全国湖泊、水库富营养化调查和河流水质规划研究开始（李贵宝，2001）。1980—1990 年，我国农业面源污染研究仅限于农业面源的宏观特征与污染负荷定量计算模型的初步研究（李海杰，2007）。20 世纪 90 年代中后期以来，随着农业面源污染问题的不断加剧，在水环境领域内，我国面源污染的研究越来越受到广泛的重视（张超，2008）。对农药、化肥的宏观特征影响因素的研究和经验统计模型仍在农业面源污染研究中占有重要地位。近几十年来，我国将农业面源污染负荷模型与 3S 进行集成、与水质模型对接，用于流域水质管理（刘鸪，2017）。

（二）形成过程

面源污染的产生是由自然过程引发，并在人类活动影响下得以强化的过程。面源污染起源于分散、多样的地区，其地理边界和位置难以识别和确定，加之面源污染的影响因子复杂多样，对其形成机理尚不清楚。一般可以将面源污染的形成概括为"源"和"传输"两部分（张秋玲，2010）。

农业面源污染的形成与土壤结构、农作物类型、气候、地质和地貌等关系密切。水土流失与面源污染也密不可分，特别在农业面源污染中，水土流失是造成水体污染的主要形式（孙娟，2008）。水土流失带来的泥沙本身就是一种面源污染形式，同时泥沙和地表径流又是其他面源污染物流失的主要携带者（段淑怀，2007）。

1. 降水径流形成过程 累积在流域地表的污染物受到降水的冲刷作用，随着径流的形成和泥沙的输移在陆地坡面产生污染负荷，并随径流与泥沙的输移在流域内增加和衰减，最终到达河道（Carleton J N，2001）。

2. 土壤侵蚀和泥沙输移过程 面源污染物在河道内的迁移过程（程红光，2006）。土壤侵蚀是规模最大、危害程度最严重的一种面源污染。土壤侵蚀和泥沙输移过程，即面源污染物在河道内的迁移转化过程。土壤流失的强度取决于降雨强度、地形地貌、土地利用方式和植被覆盖率等（张超，2008）。

3. 污染物迁移转化过程 坡面径流是坡面土壤泥沙流失的动力和载体，径流在坡面的冲刷过程实际上就是径流与坡面土壤颗粒相互作用的过程。在这个过程中，径流首先携带土壤细颗粒，侵蚀泥沙中细颗粒特别是黏粒的含量明显增加，这导致了泥沙黏粒的富集。由于土壤养分多与土壤细颗粒结合，泥沙黏粒的富集导致了养分的富集。土壤与径流的相互作用结果加剧了土壤养分随径流、泥沙流失。其表现形式为溶解于径流中的可溶性养分随径流液流失；吸附和结合于泥沙颗粒表面的养分，随着悬浮颗粒物进入水体。同时，悬浮物在水中也会释放出一些溶解态污染物。土壤与径流的作用、土壤养分与径流-泥沙的相互转换使土壤养分流失这一问题更为复杂化（张秋玲，2010；

张超，2008）。

降水径流形成、土壤侵蚀和泥沙输移、污染物迁移转化这 3 个过程相互联系、相互作用。降水径流过程是造成非点源污染物输出的主要动力，是造成面源污染的最主要的自然原因。人类对土地的利用活动是面源污染的最根本原因（卜坤等，2008）。

（三）特征

农业生产和生活过程中使用的各种无机化学品、产生的农作物废物及未处理的其他农业垃圾所产生的污染物，在降水、融雪及灌溉等活动过程中进入水体。农业面源污染源分散，发生时间、污染物浓度不确定，发生的位置不确定，且为多种污染复合排放（Ongley E D，2010；Wu Y H，2011）；因此，农业面源污染具有分散性、随机性、隐蔽性和滞后性（葛继红，2011；李秀芬等，2010；河海大学《水利大辞典》编辑修订委员会，2015）。

1. 分散性 人类向环境排放污染物可通过排污口进入水体、排入大气或者在地表积累。地表污染物随径流及排水移动，导致污染范围广泛，与点源污染相比较，农业面源污染分散且不固定。

2. 随机性 农业面源污染物进入水体造成污染的排放量没有固定规律及准确的数值。农业面源污染与降水时间、降水强度相关，同时土壤结构、地质地貌和农业作物类型也影响污染物的迁移。

3. 隐蔽性 农业面源污染受到流域内的土地利用状况、水文特征、地形地貌、气候等因素影响较大，其污染地理边界不易识别和空间位置不易确定，具有隐蔽性，且发生过程及最终排放量难以监测。

4. 滞后性 污染物从农田到达水体并进行污染的过程耗时相当长，对环境产生影响的过程也是一个量变到质变的过程。面源污染的滞后性使得污染将在较长时期内存在，对农业的可持续发展构成严重威胁。

三、农田面源污染的污染现状

农业面源污染是人为干扰和自然因素共同作用下形成的一种污染形式，影响因素包括土地利用方式、降水、地形地貌等。由于，很多因素都是自然的，人类无法改变。农业面源污染包括农田化肥和农药的污染、重金属污染、畜禽集约化养殖污染及污灌污染等。

（一）化肥和农药污染

我国化肥年使用总量达 $4\,124×10^4$ t，平均每公顷播种面积所需化肥量为 400 kg，远远超过发达国家为防止化肥对水体污染而设置的 225 kg/hm² 的安全上限。农药每年使用量达 30 多万 t，全国 $933.3×10^4$ hm² 的耕地遭受不同程度的污染（Salazar - Ledesma M et al.，2018）。化肥中氮、磷的流失量随施用量的增加呈逐年递增的趋势，1969—1998 年，总氮损失量为 2.1×10^8 t，其中 1994 年至 1998 年损失的氮量为 7.8×10^7 t，占同期施氮量 1.2×10^8 t 的 68%（沈善敏，2002）。国家商品粮基地吉林省农田土壤总氮、总磷平衡量分别由 1952 年的 -4.7×10^4 t/年和 -1.1×10^4 t/年增加到 2002 年的 3.1×10^5 t/年和 6.6×10^5 t/年，20 年后（1982 年与 2002 年比较）进入水体环境的氮、磷负荷也分别提高了 93% 和 229%（曹宁等，2006），形成了流域内水体的严重污染，威胁饮用水安全。

（二）重金属污染

随着经济社会的发展和工业化进程的加快，重金属所产生的污染问题也日渐突出。重金属不仅会滞留在土壤中，还会通过雨水冲刷地表径流等方式进入底泥，并在底泥中积累，最终造成土壤和底泥的重金属污染。杨培峰（2015）等专家研究了克鲁伦河滨岸带重金属（As、Cd、Cr、Cu、Ni、Pb 和 Zn）污染生态风险状况，结果表明 7 种重金属平均含量分别为其背景值的 117.71、266.7、0.64、2.07、2.12、5.38、55.95 倍。张文强（2009）等专家研究发现，水体底泥重金属污染对水生生态系统中大型水生植物、藻类、底栖动物、鱼类和微生物等都有不同程度的危害；方盛荣（2009）等专家研究了南京市莫愁湖、玄武湖、秦淮河等水域 13 个底泥样中的重金属形态分布情况，结果表明，底泥中 Pb、Cu、Zn、Ni、Cr 主要以有机结合态和残渣态的形式存在。

（三）畜禽集约化养殖污染

随着畜牧业结构的调整，规模化畜禽养殖业迅猛发展，成为发展农村经济、农民致富的重要途径（金美淑，2010）。但随着生产规模的扩大，禽畜排放的粪便所带来的污染也越来越严重（黄绍平等，2011）。虽然动物的排泄物较生活污水、工业废水和固体废物少，但排泄物中有机物的含量很高，尤其是饲料中加入了大量的微量元素和添加抗生素，用于提高动物生产性能，使得污染物的种类增加的同时，提高了畜禽粪便中污染物的浓度。由于大部分养殖场未对畜禽排泄物进行及时、有效地处理与利用，而是将其随意堆放，致使大量的氮、磷、重金属和抗生素流失，造成环境的污染（何逸民等，2009），这已成为全社会关注的热点问题。自 20 世纪 70 年代以来，兽用抗菌药物已成为预防、治疗动物疾病和促进动物生长的主要用途。欧盟国家兽用抗生素占总兽药用量的 70% 以上（廖丹，2013），而我国约有 46.1% 抗生素被用于畜牧养殖业。抗生素不能在动物体内完全代谢降解，而是进入动物排泄物。含有抗生素的动物排泄物无论是用于农业肥料还是直接排放，都可能对环境造成危害（王娜等，2010）。根据相关研究表明，水产养殖业中使用的抗生素仅 20%～30% 被鱼类吸收，其余均残留于水中（Samueisen O B，1989）。

（四）水土流失与污水灌溉污染

水土流失是世界性的环境问题（刘艳随，2007）。水土流失与农业面源污染是同时进行的，水土流失不仅造成化肥的利用率降低、农业生产成本上升，还会带来一系列环境问题。水土流失的动力是降水，水土流失中的土壤及泥沙本身就为污染物；同时，水土流失带走的大量泥沙造成河道泥沙淤积，河床抬高形成地上悬河，大大降低河道的泄洪能力，严重影响河道下游人类生存与生态环境治理（候伟等，2005）。土壤性质、土地利用方式、降水时间、地面坡度、地表状况等因素直接影响坡面径流，并最终影响农业面源污染。因此，减少土壤侵蚀，从源头控制农业面源污染是当前需要解决问题的重中之重。

污水灌溉可以提高水资源利用率，但用于灌溉的污水中含有多种污染物质，长期利用污水灌溉，污染物质可在土壤中富集。根据《全国第二次污水灌区环境质量状况普查统计》，1995 年我国约 10％的农田耕地面积是利用污水灌溉，比 20 世纪 80 年代初第一次污水灌溉普查时增加了 1.6 倍（王贵玲，2003）。

农业面源污染来源多，造成的水环境污染是不容忽视的。研究表明，全球有 30％～50％的地表水体受到面源污染的影响（Dennis L C，1997）。农业生产已经成为美国河流污染的第一污染源。欧洲因农业活动输入到北海河口的总氮、总磷分别占入海通量的 60％和 25％（Edwin D，1996）。对丹麦的 270 条河流的营养监测表明，其中 94％的氮和 52％的磷来自农业活动的面源污染（Kronvang B et al.，1996）。我国由于氮、磷流失而引起的农业面源污染情况也十分严重，被调查的 532 条河流中，80％的河流受到不同程度的氮污染（马光，2000；许继军，2011）；同时，在河流汇集的湖泊、水库等地区氮、磷污染也对水质形成了较大的威胁。在我国南方农业发达的太湖、滇池等地区，农业面源污染负荷贡献率总氮为 65.9％～75％，总磷的贡献率为 28％～66％（曹利平，2004）。吉林省新立城水库由于面源污染进入水体的总凯氏氮为 495 t（张益智，1994），且在 2007 年库区内暴发蓝藻对饮用水造成了严重的威胁。在吉林省双阳水库，库区每年氮、磷负荷分别为 398.4 t 和 22.9 t（李海杰，2007）。由于过量氮、磷等营养元素随农田排水和地表径流进入水体，导致水质恶化，加剧了农业面源污染。

四、湖库水体的污染现状

湖库水体污染主要分为点源污染和面源污染。近年来，随着对点源污染的大力整治，面源污染对湖库水体污染所占的比重逐年增加，成为湖库水环境的首要污染源。同时，由于湖库水体污染程度的提高，污染物进入湖库底泥，使得底泥成为许多污染物重要的"源"和"汇"，进而产生了内源污染；且伴随着水体污染的日益加重，国内外学者对内源污染给予了很大的关注并做了大量相关研究（朱广伟等，2004；罗潋葱，2003）。

研究显示，近50%的地球表面受到面源污染的影响；面源污染造成的耕地退化，占退化耕地总量的12%（崔键等，2006）。非点源污染使得大量的泥沙及污染物进入湖库水体，引起湖库水位升高，造成水体的富营养化。早在20世纪30年代，日本开始研究和探讨水体富营养化的影响因子。美国对湖库水体富营养化的研究则开展于20世纪60年代末至70年代初，与湖库的非点源、外源与内源、上层营养物的循环以及富营养化藻类演替的相关研究取得很大的成果。1985年起，生物技术替代了早期的物理、化学措施，成为湖库生态修复研究的重点（Hartig J H，1988）。USEPA统计显示，受污染底泥占全美国流域底泥总量的10%，就足以对鱼类及以鱼类为食的人类及动物构成威胁。随着人类活动加剧，更多底泥面临污染；USEPA对全美2 111个流域中的1 327个流域做了相关调查，结果显示96个流域的底泥正面临污染，且多为工业和经济较为发达的地区的河流流域。

第三节 研究内容

一、氮和磷在湖库底泥和土壤中吸附、解吸特性的研究

1. 底泥和土壤理化性质的分析 进行新立城水库底泥、富营养化水库底泥及新立城入库口土中理化性质的分析，并通过对氮、磷的分级试验，调查不同形态氮、磷的分布规律。

2. 底泥和土壤对氮吸附、解吸特性的研究 通过对氮吸附、解吸等温试验和吸附、解吸动力学研究，探讨氮在湖库底泥及土壤的吸附、解吸特性；通过对不同pH、温度及可溶性有机质对氮吸附、解吸特性研究，分析不同影响因子对吸附量和解吸量的影响。

3. 底泥和土壤对磷吸附、解吸特性的研究 通过对磷吸附、解吸等温试验和吸附、解吸动力学研究，探讨磷在湖库底泥及土壤中的吸附、解吸特性；通过对不同pH、温度及可溶性有机质对磷吸附、解吸特性研究，分析不同影响因子对吸附量、解吸量的影响。

二、重金属镍和铅在湖库底泥和土壤中吸附、解吸特性的研究

1. 底泥和土壤对重金属镍吸附、解吸特性的研究 通过对镍吸附和解吸等温试验、吸附和解吸动力学及吸附、解吸热力学研究，探讨镍在湖库底泥及土壤中的吸附、解吸特性；研究不同pH、有机质和背景液氮磷含量对镍吸附

量、解吸量的影响。

2. 底泥和土壤对重金属铅吸附、解吸特性的研究 通过对铅吸附和解吸等温试验、吸附和解吸动力学及吸附和解吸热力学研究，探讨铅在湖库底泥及土壤中的吸附、解吸特性；研究不同 pH、有机质和背景液氮磷含量对铅吸附量、解吸量的影响。

三、抗生素环丙沙星和恩诺沙星在湖库底泥和土壤中吸附、解吸特性的研究

1. 底泥和土壤对抗生素环丙沙星（CIP）吸附、解吸特性的研究 通过对抗生素环丙沙星吸附和解吸等温试验、吸附和解吸动力学及吸附和解吸热力学研究，探讨环丙沙星在湖库底泥及土壤中的吸附、解吸特性；研究不同 pH、不同离子类型、不同氮磷含量对环丙沙星吸附量、解吸量的影响。

2. 底泥和土壤对抗生素恩诺沙星（ENR）吸附、解吸特性的研究 通过对抗生素恩诺沙星吸附和解吸等温试验、吸附和解吸动力学及吸附和解吸热力学研究，探讨恩诺沙星在湖库底泥及土壤中的吸附、解吸特性；研究不同 pH、不同离子类型、不同氮、磷含量对恩诺沙星吸附量、解吸量的影响。

第二章

湖库底泥和土壤对氮吸附、解吸特性的研究

第一节　湖库底泥中氮的研究概述

一、氮的污染现状

氮作为唯一不能由矿物质风化而得到的元素，对作物生长有着重要作用；其在自然界以多种形态存在，主要分为无机氮与有机氮（王敬国，2016）。土壤中氮素对农业生产发展有着重要作用，含量较少不利于生产，含量过多则对环境造成不利影响（张卫峰等，2013）。氮具有重要的生态学功能，尤其是对水生生态学功能很早就被学术界所认知（Howarth R W，2006）。水生生态系统的沉积物中富含含氮物质，是系统中氮的重要"源"和"汇"（Gardner W S et al.，2001；Nowlin W H，2005），作为水生生态系统中初级生产力的限制性因子之一，国内外学者对沉积物中的氮进行了大量相关研究，主要集中在总氮和无机氮方面，研究表明并非全部形态的氮都参与氮的生物地球化循环，而且沉积物在水生生态系统中的作用不是仅仅通过总能量就能阐明的（Khoia C M，2006）。

对湖库水体沉积物（底泥）中氮形态的研究始于 20 世纪 70 年代初，美国等国外学者对湖库水体沉积氮形态展开了相关研究。沉积物氮形态基本按照土壤氮形态的研究方法（王圣瑞等，2008）进行划分，将沉积物氮分为有机氮和无机氮两部分，二者之和为全氮。沉积物中无机氮主要包括可交换性氮和固定态铵（朱维琴，2000）。可交换性氮指能够直接被初级生产者吸收的氨氮、硝酸盐氮和亚硝酸盐氮，因为分子扩散作用能够使其在溶液介质中迅速迁移，是沉积物与上覆水体之间氮素的主要交换方式（王雨春等，2002）。固定态铵亦称非交换性铵，指在地质环境中通过置换矿物中的 K^+（Na^+、Rb^+、Ca^{2+} 等）而存在于矿物晶格中的铵（朱兆良，1992）。研究表明，固定态铵可占总氮的 $10\%\sim96\%$，是水体生态系统氮库的重要组成部分。

底泥中的有机氮大多数为氨基酸，主要存在于蛋白质中（Pantoja S，1999）。研究表明，通过水解试验将沉积物中的有机氮分为水解性铵态氮、己糖胺态氮、氨基酸态氮和羟胺基酸态氮。近年来，国内外学者对底泥可溶性有机氮（dissolved organic nitrogen，DON）进行了大量研究，林素梅等（2009）将可交换态氮通过差减法得出底泥中的可溶性有机氮（DON），大部分可溶性有机氮可被生物利用（Berg G M，2002），且多数为小分子量物质。

钟立香和王书航（钟立香等，2009；王书航等，2010）运用连续分级方法提取沉积物中的氮，将氮分为游离态氮（free nitrogen，FN），即动态释放的氮形态，是水-沉积物界面氮释放的主要形态；可交换态氮（exchangeable nitrogen，EN），即结合能力较弱和易被释放的氮形态，是沉积物氮营养盐比较活跃的一部分；酸解态氮（hydrolysable nitrogen，HN），在矿化作用下可被转化并且释放的氮形态，主要以有机氮形式存在；残渣态氮（residue nitrogen，RN），是最不容易释放的氮形态，也被称为不可转化态氮。

二、氮的吸附、解吸特性的研究

目前，对底泥中氮吸附、解吸方面的研究主要是吸附动力学、解吸动力学线性拟合、吸附等温线、解吸以及影响因素的研究（李兵，2008；张路，2008；蒋增杰等，2008）。姜霞等（2011）通过对太湖底泥氮吸附、解吸特征的研究分析表明，在低浓度梯度区间内，底泥对氮的吸附等温线、解吸等温线呈很好的线性关系，并且氮吸附平衡点浓度、解吸平衡点浓度与本底吸附态氮、间隙水中氨氮、总氮、底泥中总氮和氨氮呈极显著相关，表明氮的平衡浓度受间隙水和沉积物中氮的影响较大。由于在一段时间内，底泥在与上覆水进行交换过程中会作为"氮源"的角色；因此，在部分存在外界高浓度含氮污染颗粒物输入的区域，若未完全分解并进入湖底底泥，会导致该区域内的氮吸附、解吸平衡浓度偏高。

通过对巢湖底泥中氮的季节性研究表明，总氮含量冬季最高，夏季最低；游离态氮含量秋季、冬季较高，春季、夏季较低；总酸解态氮含量，由高到低依次为冬季、秋季、夏季、春季；可矿化态氮含量，由高到低依次为冬季、春季、秋季、夏季。此外，不同季节对有效氮起主要作用的氮形态也不相同，春季为酸解氨基酸态氮，夏季、秋季为可交换态氮，冬季为游离态氮（王书航，2010）。

底泥中氮的吸附、解吸受以下6种因素的影响：①溶解氧。底泥中溶解氧的含量直接或间接地影响着硝化作用和反硝化作用的进行，而硝化作用和反硝化作用是影响底泥和上覆水界面氮迁移和交换的主要形式，从而影响不同形态氮的吸附和解吸。②温度。温度同溶解氧一样，通过直接或间接地影响硝化作用和反硝化作用的进行，影响氮的吸附、解吸。③pH。pH 能影响底泥中微生物的活性，同时还能对间隙水中的氨氮迁移产生影响；研究显示，湖库水体pH在偏酸或偏碱条件下氮的释放量较正常条件下多（熊汉锋等，2005）。④生物作用。微生物可以促使有机氮分解为氨态氮，氨态氮转化为亚硝态氮和硝态氮，硝态氮经过反硝化作用转化为氮气排出水体，由此影响氮的吸附解吸。⑤水体中各类含氮化合物的浓度。含氮化合物的浓度能影响底泥和上覆水界面的浓度梯度，进而影响扩散的速度及方向。⑥盐度。刘培芳等（2002）的研究显示，氮的释放量随着盐度的升高而增加。盐度为 0 时，释放量最小；盐度为 0.5%～1.0%时释放量出现峰值。

目前，国内外学者关于氮、磷等水体富营养化元素的吸附、解吸研究方面，主要侧重于吸附动力学、吸附热力学、吸附平衡点、解吸平衡点、吸附能力和解吸能力对比等，且多为系统综合采样并实验室分析（姜霞等，2011；张晶等，2013；孙文彬等，2013；张树楠等，2013）。而结合不同类型的底泥样品和岸边土壤样品，同时完成氮形态分级分析，将氮吸附等温线、吸附动力学与吸附影响因子相结合，进行底泥对氮吸附、解吸特性分析的相关研究还较少。

本研究以新立城水库入库口土壤和湖库底泥为研究对象，对比富营养化水库底泥，通过非点源污染物氮形态研究和吸附、解吸特性的试验分析，研究底泥中氮的迁移转化，对研究湖库水生生态系统具有重要意义。

第二节　底泥和土壤的基本理化性质

一、采样点概况

本书中研究试验底泥取自吉林省长春市新立城水库。新立城水库（北纬43°42′57″、东经 125°42′57″）位于伊通河中上游，距长春市中心 16 km，集水面积为 1 970 km²，库容 5.92×10⁸ m³，年平均降水量 600 mm，年平均温度 4.6 ℃。新立城水库作为长春市重要的饮用水水源地，其水质的优劣关乎居民饮用水的安全。多年来，由于大量的农药、化肥、污水流入库区内，导致新立城富营养化现象有加重的趋势。特别是2007 年及 2008 年汛期，新立城水库由于富营养化而导致蓝藻大量暴发，使长春市供水受到严重影响。新立城水库底泥和土壤采样点位置见图 2-1。

图 2-1　长春市新立城水库采样点位置（张晨东等，2014）

底泥样品：底泥 A：新立城水库上游、中游、下游各设一个采样点；底泥 B：采自富营养化水库，只进行 N、P 的吸附、解吸试验。

土壤样品：布设于伊通河流入新立城水库的入库口附近。样品采集后，经处理将不同采样点采集的土壤样品和底泥样品分别混合制备。

二、样品的采集及保存

（一）底泥样品的采集及保存

1. 采样点的布设 分别在水样采样点下方采集 3 个底泥样品。

2. 采样方法及采样器 乘监测船到达采样地点，采用抓斗采泥器对新立城水库底泥进行表层（0～10 cm）多点采集，每个采样点重复采集 3 次，混匀，为底泥样品 A；同时按同样方法采集富营养化水库底泥，为底泥样品 B。

3. 样品的制备 ①脱水。底泥中含有大量水分，必须用适当的方法除去，不可直接在日光下暴晒或高温烘干。常用的脱水方法：一是在阴凉、通风处自然风干（适于待测组分稳定的样品）；二是离心分离（适用于待测组分易挥发或易发生变化的样品）；三是真空冷冻干燥（适用于各种类型样品，特别对光、热、空气不稳定组分的样品）；四是无水硫酸钠脱水（适用测定油类等有机污染物的样品）。②筛分。将脱水干燥后的底泥样品平铺于硬质白纸板上，用玻璃棒等压散（勿破坏自然颗粒）；剔除砾石及动植物残体等杂物，使其通过 0.84 mm 筛孔；筛下物用玛瑙研钵研磨，装入棕色广口瓶中，贴上标签备用。本样品采用筛分法进行制备。

（二）土壤样品的采集及保存

1. 采样点的布设 在伊通河流入新立城水库的入口附近的东西两侧各选择 3 个采样点。

2. 采样方法及采样器 采用对角线布点法进行样品采集。清除土壤表层的植被及残枝落叶后，用环刀进行表层混合样品的采集。

3. 样品的制备 ①样品风干。将 6 个点采集的土壤样品进行混合，制成混合样品；在风干室将潮湿土样倒在白色搪瓷盘内或塑料膜上，用玻璃棒压碎、翻动，使其均匀风干。在风干过程中，拣出碎石、沙砾及植物残体等杂质。②磨碎与过筛。根据所测指标的不同，过筛、保存备用。

三、样品的测定

（一）基本理化指标的测定

土壤和底泥测定的基本理化指标：pH、碱解氮、有效磷、总磷和总氮。测定方法参照《土壤农业化学常规分析方法》（曹恒生，1983），具体测定方法见表 2 - 1。

表 2-1 底泥和土壤基本理化指标的测定方法

测定指标	测定方法
pH	玻璃电极法
碱解氮	碱解扩散法
有效磷	纳氏试剂分光光度法
总磷	钼锑抗分光光度法
总氮	碱性过硫酸钾紫外分光光度法

（二）机械组成

1. 样品的预处理 ①去除有机质。称取过 20 目筛的风干样品 15.00 g，置于 600 mL 的高型烧杯中，先加少量的水使样品湿润，再加入 6% H_2O_2，盖好表玻璃；在水浴上加热，使有机质充分氧化，直至样品变淡，表示有机质已基本分解完全。过量的 H_2O_2 可煮沸排除，冷却后，弃去上清液。②脱钙。样品在有机质分解后逐次加入 0.2 mol HCl，每次约加入 10 mL，直至无 CO_2 产生为止。为保证有足够的浓度，每次加入 HCl 前应先弃去样品的上清液。去除样品中碳酸盐后，用 0.05 N HCl 冲洗土样至滤纸上过滤，再用 0.05 mol HCl 继续淋洗土样，直至滤液中无 Ca^{2+} 为止。再用同样的方法，用水浸提样品中的氯离子。

2. 样品的测定 用超声波分散处理好的样品，然后向烧杯加水至 600 mL 后静置。按照颗粒沉降温度，确定吸取时间，从悬浮液中提取<2 μm 的黏粒复合体，反复操作直至提取干净为止；沉降桶内余下的液体可以通过吸管法和筛分法分出 2~20 μm、20~200 μm、>200 μm 3 个粒级，在 110 ℃烘干称重后进行机械分析（中国土壤学会农业化学专业委员会，1983）。

（三）氮分级的测定方法

根据本试验研究需要，将钟立香（2009）和王书航等（2010）的连续分级提取法加以改进，对样品进行氮分级，分别测定出底泥和土壤中游离态氮（FN）、可交换态氮（EN）、酸解态氮（HN）和残渣态氮（RN）。其中，FN 的测定采用风干泥样；HN 的测定采用改进的 Bremner 法。

1. 游离态氮（FN） 每个样品取 4 个 50 mL 离心管，加入过 100 目筛样品 5.0 g 及 25 mL 蒸馏水，25 ℃恒温振荡 4 h。在 4 000 r/min 条件下离心 10 min，将 4 个管内上清液混匀，过 0.45 μm 滤膜，测定游离态铵态氮（$NH_4^+ - N$）、游离态硝态氮（$NO_3^- - N$）、游离态总氮（DTN），并计算出游离态有机氮（DON）。

2. 可交换态氮（EN） 将上一环节中的 4 个含样品残渣的 50 mL 离心管

中分别加入 25 mL 的 2 mol/L 的 KCl 溶液，25 ℃恒温振荡 2 h。在 4 000 r/min 条件下离心 10 min，将 4 个管内上清液混匀，过 0.45 μm 滤膜，测定可交换态铵态氮（$NH_4^+ - N$）、可交换态硝态氮（$NO_3^- - N$）、可交换态总氮（STN），并计算出可交换态有机氮（SON）。

3. 酸解态氮（HN） 取 2 个上一环节中的离心管内的残渣放入 150 mL 磨口三角瓶中，接入冷凝回流装置，加入 6 mol/L 的 HCl 40 mL，滴加 2 滴正辛醇，在 120 ℃油浴中冷凝回流 12 h，趁热过滤并冲洗至滤出液为 200 mL；将滤液放在 50 ℃水浴中加热至 30 mL 左右，调节 pH 至 6，定容至 100 mL 容量瓶中，4 ℃保存此酸解液。取 5 mL 酸解液，加入浓硫酸和催化剂消煮，测定酸解总氮（THAN）；取 20 mL 酸解液，加入 5%的 MgO 10 mL，测定酸解铵态氮（AN）；取 20 mL 酸解液，加入 pH 为 11.2 的碳酸钠-硼砂缓冲溶液 20 mL，测定酸解铵态氮（AN）与酸解氨基糖态氮（ASN）之和，计算酸解氨基糖态氮 ASN 值；取 20 mL 酸解液，加入 0.5 mol/L 的 NaOH 4 mL，在 100 ℃下油浴浓缩至 2～3 mL，冷却后加入 2.0 g 柠檬酸和 0.4 g 茚三酮，放置 100 ℃油浴 10 min 后，定容到 50 mL，取该溶液 20 mL，加入 pH 11.2 的碳酸钠-硼砂缓冲溶液 40 mL 和 5 mol/L 的 NaOH 4 mL，测定酸解氨基酸态氮（AAN），并计算酸解未鉴定态氮（UN）。

4. 残渣态氮（RN） 取 2 g 酸解后残渣，加入浓硫酸和催化剂消煮，测定残渣态氮（RN）。

四、土壤和底泥的理化性质的分析

（一）基本理化性质的分析

供试底泥和土壤样品基本理化性质见表 2-2。从表 2-2 中可见，底泥 A、底泥 B 的速效氮和速效磷含量均高于土壤 C，底泥 A、底泥 B 和土壤 C 速效氮的含量分别为 198.40 mg/kg、226.50 mg/kg 和 103.30 mg/kg，速效磷含量分别为 70.10 mg/kg、82.40 mg/kg 和 22.40 mg/kg，底泥 B 的总氮和总磷的浓度高于底泥 A 和土壤 C，这是由于底泥 B 为长期处于富营养化状态下的湖库样品。底泥 A、底泥 B 和土壤 C 的 pH 分别为 6.47，6.32 和 6.81，略偏酸性。

表 2-2 底泥及土壤的基本理化性质

样品	pH	容重 （g/m³）	速效氮 （mg/kg）	速效磷 （mg/kg）	总氮 （%）	总磷 （%）
底泥 A	6.47	1.79	198.40	70.10	0.13	0.11
底泥 B	6.32	1.65	226.50	82.40	0.15	0.12
土壤 C	6.81	1.79	103.30	22.40	0.12	0.09

　　从机械组成来分析，底泥 A、底泥 B 和土壤 C 中沙粒分别占 9.80%，9.26% 和 4.71%，粗粉粒分别占 39.40%、38.45% 和 52.43%，细粉粒 23.90%、22.96% 和 22.15%，黏粒构成大致相近；其中，土壤 C 中沙粒所占的比例略低于底泥 A 和底泥 B，而粗粉粒所占的比例则略高于底泥 A 和底泥 B。

　　（二）不同形态氮的分析

　　供试底泥和土壤样品不同形态氮含量见表 2-3。从表 2-3 中可见，3 个供试样品 HN 含量最高，EN 和 RN 含量比较接近，FN 含量最低，其中底泥 B 的 HN、EN、RN 和 FN 含量分别占总氮含量的 51.69%、25.36%、17.67% 及 5.27%。底泥 B 的 FN、EN 和 HN 的含量均要高于底泥 A 和土壤 C，国内学者研究表明底泥中 FN 含量的高低不仅仅取决于 EN 的含量，还与其所在水体中各种游离态氮的含量密切相关，FN 与其他形态氮无显著相关（钟立香，2009）。底泥 B 中 FN 含量远高于底泥 A，说明富营养化湖库中水的游离态氮的含量远高于新立城水库；底泥 A 中 HN 量低于底泥 B，EN 和 RN 所占比重要高于底泥 B。FN 和 EN 主要是由无机氮构成的，占总含氮量的 70% 以上，而 HN 和 RN 中有机氮含量远高于无机氮，由于底泥 B 长期处于富营养化水体中，水生生物大量繁殖，将大量的无机氮转化为有机氮，随着生

表 2-3　底泥和土壤中不同形态氮的含量（mg/kg）

	氮形态	底泥 A	底泥 B	土壤 C
游离态氮（FN）	游离态氨态氮（$NH_4^+ - N$）	5.87	78.75	62.61
	游离态硝态氮（$NO_3^- - N$）	17.64	15.44	28.00
	游离态有机氮（DON）	6.57	39.05	7.93
	游离态总氮（DTN）	30.08	133.24	98.54
可交换态氮（EN）	可交换态氨态氮（$NH_4^+ - N$）	33.61	122.13	21.88
	可交换态硝态氮（$NO_3^- - N$）	4.65	305.32	13.07
	可交换态有机氮（SON）	346.18	19.65	269.01
	可交换态总氮（STN）	384.44	447.10	303.96
酸解态氮（HN）	酸解铵态氮（AN）	217.81	655.4	192.19
	酸解氨基酸态氮（AAN）	144.14	426.21	320.32
	酸解氨基糖态氮（ASN）	51.25	141.36	89.69
	酸解未鉴定态氮（UN）	37.80	84.47	12.81
	酸解总氮（THAN）	451.00	1 307.44	615.00
残渣态氮（RN）	残渣态氮	594.51	641.53	632.09
总氮（TN）		1 460.03	2 529.31	1 649.59

物衰亡，沉入湖底，底泥 B 中的 HN 含量较高于底泥 A。土壤 C 中各个形态氮的含量基本介于底泥 A 和底泥 B 之间。底泥 A、底泥 B 和土壤 C 样品残渣态氮分别占总氮的 40.72％、25.36％和 38.32％，间接反映了样品中氮素的稳定性为：底泥 A＞土壤 C＞底泥 B。

第三节　底泥和土壤对氮的吸附特性

一、试验材料

（一）试验试剂

氯化钾、盐酸、氧化镁、碳酸钠、四硼酸钠、柠檬酸、茚三酮、硫酸钾、硫酸铜、硒粉、碘化钾、碘化汞、酒石酸钾钠、氯化铵、氯仿、氢氧化钠、葡萄糖等，均为分析纯。

（二）试验仪器

722 型分光光度计（上海精密仪器有限公司）、水浴恒温振荡器（金坛市瑞华仪器有限公司）、低速台式离心机（上海精密仪器有限公司）、恒温水浴锅（金坛市瑞华仪器有限公司）、压力蒸汽灭菌锅（上海三申医疗器械有限公司）等。

二、试验方案

（一）氮的吸附等温试验

取过 100 目筛的样品（1.000 0±0.000 5）g，分别放入 8 个 100 mL 离心管中，依次加入 $NH_4^+ - N$ 浓度为 0 mg/L、0.1 mg/L、0.5 mg/L、1 mg/L、2 mg/L、5 mg/L、10 mg/L、20 mg/L 的溶液 50 mL，滴加 2 滴氯仿以抑制微生物作用，于 25 ℃下恒温振荡，吸附平衡后取样 4 000 r/min 离心 10 min，取上清液过 0.45 μm 滤膜，测定滤液中 $NH_4^+ - N$ 含量。

（二）氮的吸附动力学试验

取过 100 目筛的样品（1.000 0±0.000 5）g，分别加入 100 mL 离心管中，$NH_4^+ - N$ 浓度为 20 mg/L 的溶液 50 mL，滴加 2 滴氯仿以抑制微生物作用，于 25 ℃下恒温振荡。分别在 1 min、2 min、3 min、5 min、7 min、10 min、20 min、40 min、60 min、120 min 取样，4 000 r/min 离心 10 min，取上清液过 0.45 μm 滤膜，测定滤液中 $NH_4^+ - N$ 含量。

（三）氮的吸附热力学试验

将吸附温度分别控制在 15 ℃、20 ℃、25 ℃、30 ℃、35 ℃下恒温振荡，按氮的吸附动力学试验方法重复进行试验，以测定不同温度对 $NH_4^+ - N$ 吸附量的影响。

（四）不同影响因素对氮吸附行为的影响

1. 背景液不同 pH 对氮吸附行为的影响 取过 100 目筛的样品 1.000 0±0.000 5 g，分别用 1 mol/L 的 NaOH 缓冲溶液和 1 mol/L 的 HCl 缓冲溶液配置 pH 分别为 4、5、6、7、8、9、10 的 $NH_4^+ - N$ 浓度为 20 mg/L 的溶液。按氮的吸附动力学试验方法重复进行试验，以测定不同 pH 对 $NH_4^+ - N$ 吸附量的影响。

2. 背景液可溶性有机质对氮吸附行为的影响 用葡萄糖分别配制 COD 浓度为 0 mg/L、50 mg/L、100 mg/L、200 mg/L、300 mg/L、500 mg/L 的溶液，保持 $NH_4^+ - N$ 浓度为 20 mg/L。按氮的吸附动力学试验方法重复进行试验，以测定不同有机质对 $NH_4^+ - N$ 吸附量的影响。

三、结果与分析

（一）氮的吸附等温线

底泥 A、底泥 B 和土壤 C 对氮的等温吸附如图 2-2 所示。从图 2-2 中可见，底泥 A 和土壤 C 的平衡浓度分别为 12.48 mg/L 和 12.70 mg/L，平衡吸附量为 375.89 mg/kg 和 364.97 mg/kg，吸附平衡点较为接近；而底泥 B 的平衡浓度和平衡吸附量分别为 18.44 mg/L 和 156.29 mg/kg，平衡吸附量远低于底泥 A 和土壤 C。3 种供试样品总氮含量由高到低依次为：底泥 B、土壤 C、底泥 A，说明氮吸附量与样品自身含氮量有关。吸附溶液浓度在 0～5 mg/L 时，样品的吸附平衡量均为负值；这主要是因为游离态氨态氮和可交换氨态氮可以迅速在溶液介质中迁移。

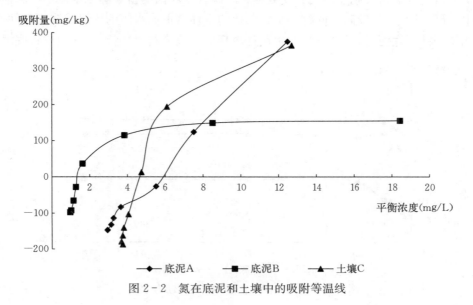

图 2-2 氮在底泥和土壤中的吸附等温线

不同的吸附等温方程可以描述样品对污染物的吸附过程。目前，液相吸附过程中最常用的吸附等温方程有 Freundlich 方程和 Langmuir 方程，拟合方程参数见表 2-4。从表 2-4 中可见，拟合方程的相关系数在 0.765 8～0.996 9，对其相关系数 r 进行差异显著性检验，底泥 A 和土壤 C 达到差异极显著水平，说明其平衡浓度和吸附量呈差异极显著，底泥 B 达到差异显著水平。

表 2-4　氮在底泥和土壤中吸附的等温拟合参数

样品类型	Q（mg/kg）	b	r
底泥 A	375.887	0.185	0.996 9**
底泥 B	156.287	0.338	0.768 5*
土壤 C	364.966	0.175	0.913 6**

注：*、**分别表示差异显著、极显著。

（二）氮的吸附动力学

吸附动力学是通过动力学方程来表述氮吸附速率的方法。不同初始浓度下，底泥 A、底泥 B 和土壤 C 对氮的累积吸附量随时间变化如图 2-3 所示。从图 2-3 可见，底泥和土壤对氮的吸附分为 2 个阶段，即快速吸附阶段和慢速吸附阶段。样品在 20 min 时基本达到了吸附平衡。底泥 A 和土壤 C 在 1 min 内能完成吸附量的 65%～75%，5 min 内完成吸附总量的 90% 以上。底泥 B 吸附略慢，1 min 完成吸附量为 38.48%，5 min 完成吸附量为 65.97%。这是由于受富营养化污染湖库底泥长期处在氮、磷含量较高的富营养化水体中，水体中 NH_4^+-N 含量较高；同时，富营养化的水体会形成水体的厌氧或缺氧条件，此类条件下底泥对 NH_4^+-N 产生负释放现象（范成新，1997），从而导致底泥

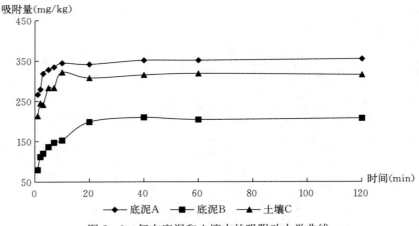

图 2-3　氮在底泥和土壤中的吸附动力学曲线

B 自身本底中 $NH_4^+ - N$ 浓度过高，影响其对 $NH_4^+ - N$ 的吸附能力。

准二级反应动力学方程是在二级动力学方程基础上，由于试验趋势无法遵循理想的动力学模型，通过对二级动力学方程进行修正，得到的符合试验趋势的拟合方程，是常用的动力学方程之一。从图 2-3 中可见，底泥 A、底泥 B 和土壤 C 的吸附曲线与准二级反应动力学方程相似；因此，本试验采用的准二级反应动力学方程进行拟合，拟合方程见表 2-5。从表 2-5 中可见，不同样品与吸附活化能有关的吸附速率常数各不相同。供试样品的拟合方程的相关系 r 为 0.948 1～0.970 8，对其进行相关性检验，均达到差异极显著水平，说明不同样品的吸附量与时间呈极显著相关关系，拟合方程能较好表述底泥 A、底泥 B 和土壤 C 的吸附动力学曲线及参数。

表 2-5　氮在底泥和土壤中吸附的动力学方程拟合的相关参数

样品类型	拟合方程	反应动力学参数		
		a	b	r
底泥 A	$\frac{t}{q} = 0.001\,05 + 0.002\,83t$	0.001 05	0.002 83	0.970 8**
底泥 B	$\frac{t}{q} = 0.010\,37 + 0.004\,776t$	0.010 37	0.004 776	0.969 0**
土壤 C	$\frac{t}{q} = 0.001\,845 + 0.003\,143t$	0.001 845	0.003 143	0.948 1**

注：*、**分别表示差异显著、极显著。

结合表 2-5 和图 2-3，通过 5 组不同类型试样不同氮形态和其对 $NH_4^+ - N$ 吸附量的相关性分析，得出 FN、FN+EN、FN+EN+HN、TN 与其相应试样对 $NH_4^+ - N$ 平衡吸附量呈负相关，相关系数 r 分别为 -0.604 2（$n=5$）、-0.901 6（$n=5$）、-0.809 4（$n=5$）、-0.787 8（$n=5$），可以看出，游离态氮和可交换态氮的含量对底泥吸附 $NH_4^+ - N$ 有显著影响，是底泥及土壤和湖库水体间氮交换的主要形态，而残渣态氮在土壤和底泥样品中极为稳定，相对于游离态氮、可交换态氮和酸解态氮，较少参与土壤和底泥样品对氮的吸附解吸过程。

（三）氮的吸附热力学

底泥 A、底泥 B 和土壤 C 分别在 15 ℃、20 ℃、25 ℃、30 ℃、35 ℃下进行氮吸附的研究，吸附量如图 2-4 所示。从图 2-4 可见，随着温度升高，底泥 A、底泥 B 和土壤 C 3 种供试样品平衡吸附量及吸附速率均有所下降。底泥 A、底泥 B 及土壤 C 在 25 ℃时的吸附量分别为 15 ℃时的 81.79%、70.26% 和 84.62%，而 35 ℃时的吸附量分别为 15 ℃时的 75.17%、62.56% 和 70.27%；当温度达到 25 ℃时，吸附量下降的趋势逐渐趋于平缓，说明样品对 $NH_4^+ - N$ 的吸附在进行物理吸附的同时，还存在一个热交换的化学过程，也就是一个弱

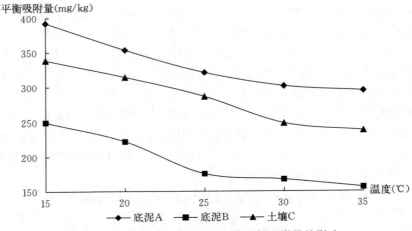

图 2-4　不同温度下底泥和土壤对氮吸附量的影响

放热反应。因此，温度升高会抑制底泥对 $NH_4^+ - N$ 的吸附，温度较低时，温度改变对吸附影响显著，且底泥含氮量越高，对吸附抑制越明显。

　　不同温度下，底泥 A、底泥 B 和土壤 C 3 种样品的准二级反应动力学方程及吸附热力学方程和参数如表 2-6 所示。从表 2-6 可见，不同样品与吸附活化能有关的吸附速率常数各不相同，随着吸附活化能的增加，吸附量减小，对拟合方程的 r 进行相关性检验，均达到差异极显著水平，说明不同样品的吸附量与时间呈极显著相关关系。

表 2-6　氮在底泥和土壤中吸附热力学方程拟合

样品类型	温度（℃）	拟合方程	反应动力学参数		
			a	b	r
底泥 A	15	$\frac{t}{q}=0.001\,040+0.002\,572t$	0.001 040	0.025 72	0.978 6**
	20	$\frac{t}{q}=0.001\,044+0.002\,810t$	0.001 044	0.002 810	0.940 6**
	25	$\frac{t}{q}=0.001\,269+0.003\,096t$	0.001 269	0.003 096	0.938 6**
	30	$\frac{t}{q}=0.001\,483+0.003\,234t$	0.001 483	0.003 234	0.944 1**
	35	$\frac{t}{q}=0.001\,809+0.003\,408t$	0.001 809	0.003 408	0.964 7**
底泥 B	15	$\frac{t}{q}=0.008\,181+0.003\,932t$	0.008 181	0.003 932	0.964 2**
	20	$\frac{t}{q}=0.007\,406+0.004\,557t$	0.007 406	0.004 557	0.989 1**

（续）

样品类型	温度（℃）	拟合方程	反应动力学参数		
			a	b	r
	25	$\dfrac{t}{q}=0.015\,89+0.005\,355t$	0.015 89	0.005 355	0.953 4**
底泥B	30	$\dfrac{t}{q}=0.018\,79+0.005\,971t$	0.018 79	0.005 971	0.993 4**
	35	$\dfrac{t}{q}=0.023\,11+0.006\,178t$	0.023 11	0.006 178	0.992 0**
	15	$\dfrac{t}{q}=0.001\,029+0.002\,973t$	0.001 029	0.002 973	0.994 7**
	20	$\dfrac{t}{q}=0.001\,842+0.003\,151t$	0.001 842	0.003 151	0.948 0**
土壤C	25	$\dfrac{t}{q}=0.002\,672+0.003\,473t$	0.002 672	0.003 473	0.981 6**
	30	$\dfrac{t}{q}=0.003\,236+0.003\,907t$	0.003 236	0.003 907	0.943 5**
	35	$\dfrac{t}{q}=0.003\,060+0.004\,213t$	0.003 060	0.004 213	0.970 5**

注：** 表示差异极显著。

（四）背景液不同 pH 对氮吸附量的影响

底泥 A、底泥 B 和土壤 C 分别在背景液 pH 为 4、5、6、7、8、9、10 时氮吸附量如图 2-5 所示。从图 2-5 可见，随着 pH 的上升，3 种供试样品对 $NH_4^+ - N$ 的吸附量逐渐增大。当 pH 为 4～8 时，氮的吸附量增加较为平缓；

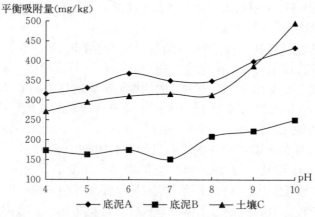

图 2-5　不同初始 pH 下底泥和土壤对氮吸附的影响

当 pH>8 时，吸附量随 pH 升高明显增加。底泥 A 和底泥 B 对 $NH_4^+ - N$ 的吸附量受 pH 影响均要低于土壤 C，由此可见，pH 变化对底泥吸附量影响较大。当溶液 pH 为 10 时，底泥 A、底泥 B 和土壤 C 的吸附量为 434.054 mg/kg、250.917 mg/kg 和 495.621 mg/kg，比 pH 为 4 时分别提高了 25.43%、27.64% 和 63.43%。这可能是由于 H^+ 与 NH_4^+ 之间存在吸附竞争关系，当 pH>8 时，水体中 H^+ 浓度急剧下降，使得试样对 $NH_4^+ - N$ 吸附量大幅增加。

从吸附速率上看，底泥 A、底泥 B 和土壤 C 3 种供试样品在 pH 为 4 时，1 min 仅完成吸附总量的 49.14%、6.68%、46.77%，5 min 时完成 68.92%、17.44%、90.94%，10 min 时完成 75.51%、53.33%、96.60%；在 pH 为 10 时，1 min 完成吸附总量的 83.38%、61.82%、71.59%，5 min 时完成 91.74%、77.54%、91.00%，10 min 时完成 97.75%、92.14%、97.23%。验证了不同 pH 在平衡吸附量上，对土壤的影响要高于底泥；而在吸附速率方面，对底泥的影响则要高于土壤。pH 对底泥吸附速率影响高于土壤，这可能是由于长期施肥，土壤中弱电解质含量较高，吸附前期能有效调控 H^+ 浓度，H^+ 浓度在吸附前期相对较为稳定，削弱了 pH 对土壤吸附速率的影响。pH 对土壤吸附量的影响高于底泥，土壤中化合物构成较底泥更复杂，吸附过程中会形成较多配位化合物，促进吸附；相对于不同 pH 底泥吸附量仅受 H^+ 与 NH_4^+ 之间吸附竞争单一因子影响，土壤吸附量会同时受 H^+ 与 NH_4^+ 之间吸附竞争和配合作用形成的影响。由于过低的 pH 会对配合作用产生抑制，pH<8 时，H^+ 和 $NH_4^+ - N$ 间的吸附竞争较大，同时配合作用的影响被削弱，吸附量较低；pH>8 时，随着 H^+ 浓度减小，H^+ 和 NH_4^+ 间的吸附竞争减弱，配合作用产生较多配合物，使吸附量增加。因此，在土壤 C 达到吸附平衡点（10 min）前能有效调控吸附速率，较高 pH 能促使配合作用产生，导致高 pH 对土壤平衡吸附量影响较大。

（五）背景液可溶性有机质不同含量对氮吸附的影响

溶解性有机质主要以碳水化合物的形式存在（蔡进功等，2005），葡萄糖是水体及土壤中碳水化合物最为主要的构成。试验通过添加葡萄糖控制背景液中有机质含量，同时以 COD 值反应水体中有机质含量的高低。研究 COD 添加浓度分别为 0 mg/L、50 mg/L、100 mg/L、200 mg/L、300 mg/L、500 mg/L 时，底泥 A、底泥 B 和土壤 C 对氮的吸附量的影响如图 2-6 所示。

从图 2-6 中可见，随着 COD 浓度的增加，底泥 A、底泥 B 和土壤 C 对 $NH_4^+ - N$ 的吸附量均明显降低；尤其是 COD 添加浓度小于 100 mg/L 时，这一趋势更为明显，氮吸附量与水体中有机质含量呈负相关。吸附速率方面，底泥 A 在未添加外源有机物时，1 min、3 min、5 min 的吸附量占平衡吸附量的

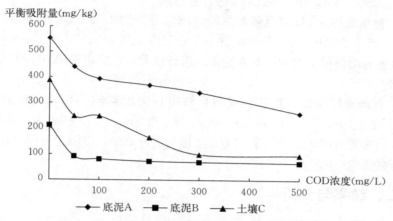

图 2-6　不同 COD 浓度对底泥和土壤吸附氮的影响

50.43%、63.39%和 87.05%；添加外源有机物 COD 浓度为 500 mg/L 时，1 min、3 min、5 min 的吸附量占平衡吸附量的 4.23%、29.38%和 67.68%。土壤 C 在未添加外源有机物时，1 min、3 min、5 min 的吸附量占平衡吸附量的 58.62%、87.74%和 96.17%，外源有机物添加量 COD 浓度为 500 mg/L 时，1 min、3 min、5 min 的吸附量占平衡吸附量则分别为 47.69%、63.08%和 81.54%。底泥 B 由于自身 $NH_4^+ - N$ 含量高，导致对 $NH_4^+ - N$ 的吸附量低，COD 浓度的增加对吸附速率影响的趋势不明显。可见，由于有机质和 $NH_4^+ - N$ 间存在吸附竞争，随着水体有机质含量上升，样品对 $NH_4^+ - N$ 的吸附量和吸附速率下降。

第四节　底泥和土壤对氮解吸特性研究

一、试验方案

（一）氮的解吸动力学试验

在 100 mL 离心管中，分别加入过 100 目筛的样品（1.000 0±0.000 5）g，同时加入 $NH_4^+ - N$ 浓度为 20 mg/L 的溶液 50 mL，振荡 24 h 至吸附平衡，4 000 r/min 离心 10 min 并去除离心液，加入 50 mL 蒸馏水，混匀，在 25 ℃下振荡。分别振荡 5 min、10 min、30 min、60 min、120 min，离心，取上清液过 0.45 μm 滤膜，测定离心液中 $NH_4^+ - N$ 浓度。

（二）氮的解吸热力学试验

参照氮的解吸动力学试验方法，将解吸温度分别控制在 15 ℃、20 ℃、25 ℃、30 ℃、35 ℃下恒温振荡，测定温度对氮解吸量的影响。

（三）不同影响因素对氮解吸行为的影响

1. 背景液不同 pH 对氮解吸量的影响　分别用 1 mol/L 的 NaOH 缓冲溶液和 1 mol/L 的 HCl 缓冲溶液配置 pH 分别为 4、5、6、7、8、9、10 的水溶液。参照氮的解吸动力学试验方法重复进行试验，以测定不同 pH 对氮解吸量的影响。

2. 背景液可溶性有机质含量对氮解吸行为的影响　用葡萄糖分别配制COD 浓度为 0 mg/L、50 mg/L、100 mg/L、200 mg/L、300 mg/L、500 mg/L的溶液。参照氮的解吸动力学试验方法重复进行试验，以测定不同有机质含量对氮解吸量的影响。

二、结果与分析

（一）氮的解吸动力学

通常用解吸动力学方程来描述不同样品对氮的解吸行为影响。底泥 A、底泥 B 和土壤 C 对氮解吸量的影响如图 2-7 所示。从图 2-7 中可见，底泥 A、底泥 B 和土壤 C 3 种供试样品氮平衡解吸量为底泥 A<底泥 B<土壤 C，分别为 74.11 mg/kg、113.52 mg/kg 和 164.01 mg/kg；其中，由于底泥 A 中活跃形态的氮含量较低，在吸附过程中与氮的结合稳定度较底泥 B 和土壤 C 高，解吸量也相对较低，占各自平衡吸附量的 20.90%、54.86% 和 52.06%。3 种供试样品在 10～30 min 时基本达到解吸平衡，其中 5 min 的解吸量可以达到平衡时解吸量的 58.86%、55.96% 和 56.19%，可见 3 种供试样品对氮的解吸速率较为接近。

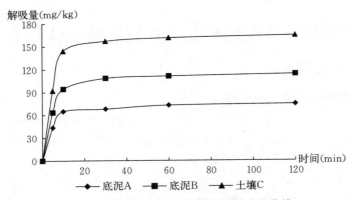

图 2-7　底泥和土壤对氮的解吸动力学曲线

不同样品的解吸曲线与准二级反应动力学方程相似，因此，本试验采用的准二级反应动力学方程进行拟合底泥 A、底泥 B 和土壤 C 的解吸特性，拟合方程如表 2-7 所示。从表 2-7 可见，底泥 A、底泥 B 和土壤 C 对氮解吸的拟合方程的 r 均为 0.996 0，对其进行相关性检验，均达到差异极显著水平，说明不同样品的解吸量与时间呈极显著相关关系。

表 2-7　底泥和土壤对氮解吸的准二级反应动力学方程拟合

样品类型	拟合方程	反应动力学参数		
		a	b	r
底泥 A	$\dfrac{t}{q}=0.027\,05+0.013\,3t$	0.027 05	0.013 30	0.996 0**
底泥 B	$\dfrac{t}{q}=0.017\,939+0.008\,671t$	0.017 93	0.008 671	0.996 0*
土壤 C	$\dfrac{t}{q}=0.011\,09+0.006\,011t$	0.001 109	0.006 011	0.996 0**

注：*、**分别表示差异显著、极显著。

（二）氮的解吸热力学

底泥 A、底泥 B 和土壤 C 分别在 15 ℃、20 ℃、25 ℃、30 ℃、35 ℃下进行解吸试验，解吸量如图 2-8 所示。从图 2-8 中可见，底泥 A、底泥 B 和土壤 C 随着温度升高解吸量逐渐增大，这是由于氮的解吸是一个弱的吸热反应，温度升高会促进 $NH_4^+ - N$ 的解吸，温度每升高 5 ℃，氮的平衡解吸量增加 5%～15%。在 35 ℃时，供试样品底泥 A、底泥 B 和土壤 C 的平衡解吸量分别为 78.21 mg/kg、138.88 mg/kg 和 165.48 mg/kg，分别比 15 ℃高出 28.90%、32.09%和25.23%；在 25 ℃时，3 种供试样品底泥 A、底泥 B 和土壤 C 的平衡解吸量分别为 74.11 mg/kg、123.52 mg/kg 和 164.01 mg/kg，较 15 ℃时分别高出 22.14%、17.48%和 24.16%，可见受富营养化污染水体的底泥解吸量的变化受温度影响较大。

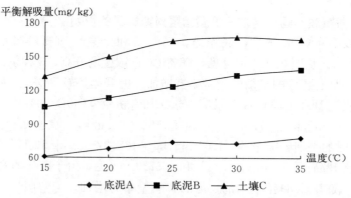

图 2-8　不同温度下底泥和土壤对氮解吸量的影响

（三）背景液不同 pH 对氮的解吸量的影响

pH 分别为 4、5、6、7、8、9、10 时，底泥 A、底泥 B 和土壤 C 对氮解吸量如图 2-9 所示。从图 2-9 可见，底泥 A、底泥 B 和土壤 C 随着 pH 的升高，3 种试样的平衡解吸浓度也下降，且在酸性条件下平衡解吸量随 pH 升高而下降的趋势较为平缓。当 pH 为 4 时，3 种试样底泥 A、底泥 B 和土壤 C 的平衡解吸量分别为 88.82 mg/kg、130.89 mg/kg 和 189.54 mg/kg；pH 为 7 时则为 74.11 mg/kg、123.52 mg/kg 和 164.01 mg/kg，仅分别下降 10.16%、8.06% 和 5.57%。当 pH 大于 7 时，水体呈碱性，底泥 A、底泥 B 和土壤 C 平衡解吸量均显著下降；当 pH 为 10 时，3 种试样的平衡解吸量分别为 37.62 mg/kg、48.51 mg/kg 和 49.75 mg/kg，较 pH 为 7 时分别下降 49.24%、60.73% 和 69.67%。这是由于在不同 pH 条件下，溶液中游离态氨和离子态铵的比例不同；碱性条件下，试样中多为受高浓度 OH^- 影响而转化的离子态铵，不易被解吸。

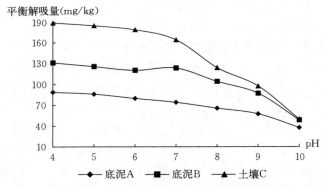

图 2-9　背景液不同 pH 对底泥和土壤氮解吸量的影响

（四）背景液不同可溶性有机质含量对氮解吸的影响

背景液不同 COD 浓度，底泥 A、底泥 B 和土壤 C 对氮解吸量的影响如图 2-10 所示。从图 2-10 中可见，随着 COD 浓度的升高，3 种供试样品底泥 A、底泥 B 和土壤 C 的平衡解吸量略有增加，上升趋势较平缓。3 种供试样品底泥 A、底泥 B 和土壤 C 在背景液中未添加有机物（COD=0）的平衡解吸量分别为 74.11 mg/kg、123.52 mg/kg 和 164.01 mg/kg，在 COD 添加浓度为 500 mg/L 时的平衡解吸量为 84.01 mg/kg、135.37 mg/kg 和 174.79 mg/kg，解吸量分别升高了 13.36%、9.59% 和 6.57%。可见，由于有机质和 $NH_4^+ - N$ 存在竞争，随着 COD 浓度增加，氮的解吸量略有增加，但解吸增加趋势并不显著。

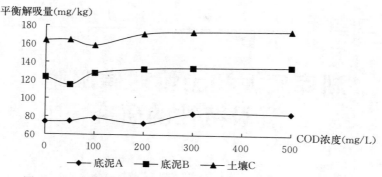

图 2-10 背景液不同 COD 浓度对底泥和土壤氮解吸量的影响

第五节 结 论

本研究以长春市新立城水库中底泥和周边土壤为研究对象,探究了底泥 A、底泥 B 和土壤 C 对氮吸附解吸特性的影响。研究结果如下。

(1) 底泥 A 和土壤 C 对氮的平衡吸附量基本一致,分别为 375.89 mg/kg 和 364.97 mg/kg;底泥 B 平衡吸附量较小,仅为 156.29 mg/kg。3 个供试样品对氮吸附过程均符合 Langmuir 吸附等温式。底泥 A、底泥 B 和土壤 C 对氮的平衡解吸量分别为 74.11 mg/kg、123.52 mg/kg 和 164.01 mg/kg。

(2) 底泥 A、底泥 B 和土壤 C 对氮吸附及解吸过程均符合准二级反应动力学方程。吸附拟合方程的相关系 r 为 0.948 1~0.970 8,解吸拟合方程的相关系 r 均为 0.996 0,对其相关系数 r 进行相关性检验,均达到差异极显著水平。

(3) 随着温度的升高,底泥 A、底泥 B 和土壤 C 对氮的吸附量和吸附速率都有所下降,35 ℃时的氮吸附量为 15 ℃时的 62.56%~75.17%;氮解吸量均升高,35 ℃时的解吸量为比 15 ℃时增加了 25.23%~32.09%。说明样品在进行物理吸附的同时还存在着弱放热反应。

(4) 随着 pH 升高,底泥 A、底泥 B 和土壤 C 对氮的平衡吸附量增大。当溶液 pH 为 10 时,底泥 A、底泥 B 和土壤 C 的吸附量比 pH 为 4 时分别高出 25.43%、27.64%和 63.43%;而平衡解吸量降低,且在碱性条件下,平衡解吸量降低更为显著,pH 为 10 时比 pH 为 7 时分别下降 49.24%、60.73%和 69.67%。

(5) 随着 COD 浓度的增加,底泥 A、底泥 B 和土壤 C 对氮平衡吸附量减小,COD 浓度在 0~50 mg/L,降低趋势显著;随着 COD 浓度增加氮的解吸量增加,在 COD 添加浓度为 500 mg/L 时的平衡解吸量为 84.01 mg/kg、135.37 mg/kg 和 174.79 mg/kg,分别仅升高了 13.36%、9.59%和 6.57%,但解吸变化不明显。

第三章

湖库底泥和土壤对磷吸附、解吸特性的研究

第一节 湖库底泥中磷的研究概述

一、磷的污染现状

自然水体中的磷主要来自工业、生活和水产养殖废水等点源污染源和农业土壤等面源污染源。氮、磷作为植物必需营养素之一，对维持农业的可持续发展和生态系统的平衡起着重要作用（Yang C et al.，2019）。以氮、磷为代表的面源污染造成的环境问题日益突出，对当今世界水质恶化构成了极大的威胁。磷是水生生态系统中初级生产力的主要影响因子之一，磷浓度过高易导致水体富营养化（赵兴敏等，2014）。

底泥是湖泊和水库生态系统的重要组成部分，是一个连续的时空载体。水体中的部分污染物通过颗粒吸附和沉淀进入湖泊和水库底泥，使底泥成为污染物的重要"源"和"汇"，从而产生内源性污染。磷是所有生物包括微生物在内不可或缺的营养元素，主要以磷酸盐的形式存在，因此底泥在生物地球化学循环中起着重要的作用（Maitra N et al.，2015）。水体磷含量是湖泊和水库营养的限制因素，会对渔业生产、农业灌溉、生活用水等水资源质量产生不利影响（Chen C Y et al.，2015）。

沉积物（底泥）中磷的潜在危害不仅与总磷含量有关，还受到底泥中磷赋存形态的影响。1957 年，首次出现了较为完整的土壤磷分级体系，根据不同提取方式将磷分为不稳定态磷、铝束缚态磷、铁束缚态磷、钙结合磷、可还原态磷、闭蓄态磷和有机磷。一般国外对底泥中的磷采用土壤中磷元素的分级方法，国内学者则将底泥中的磷分为无机磷和有机磷，无机磷又被分为钙磷（Ca-P）、铁磷（Fe-P）、铝磷（Al-P）、闭蓄态磷（O-P）、还原态磷（res-P）、残渣态磷（残-P）；也有部分国外学者将磷分为不稳定态磷和难溶态磷，不稳定态磷包括吸附态磷、易水解态磷、易溶解态磷等可交换态磷和易

被微生物利用态磷；难溶态磷则指几十年甚至上百年短期内不会被岩化的磷。应用合理的磷连续分级提取法来研究底泥中的磷元素形态和含量，能够更好地反映湖库沉积物中磷的状况。1982 年，Hedley 等提出了土壤无机磷和有机磷的连续提取方法（Cross A F，1995）。此后，国内外学者对磷的连续提取进行了大量的相关研究，并取得了不同程度的进展。雷宏军等（2007）建立了一种新的磷分级方法，依次使用 $NaHCO_3$ 提取钙和磷（$Ca_2 - P$），NH_4F 提取铝和磷（$Al - P$）、$NaClO$ 提取高活性有机磷、$NaOH$ 和 Na_2CO_3 萃取铁磷（$Fe - P$），$NaOH$ 法提取封闭贮铝磷，以亚硫酸氢钠和柠檬酸钠为萃取剂提取铁水垢（$O - Fe - P$），用 H_2SO_4 提取 $Ca_{10}- P$，为今后底泥中磷形态和含量的研究提供了理论依据。磷以不同的形式存在于整个湖泊和水库系统中，磷形态对磷在水环境中的作用变化也有一定的影响，在水体富营养化的原因中起着重要的作用（Wang L，2015）。

二、磷的吸附特性、解吸特性的研究

底泥中磷含量的变化主要是由吸附作用和解吸作用完成的。受不同外部环境因素的影响，底泥对湖泊和水库水体中磷的吸附、解吸量也有很大的差异。影响磷吸附、解吸的因子有很多，主要包括以下几种：①钙。Elfler 和 Driscoll 通过对奥内达加湖的研究发现，$CaCO_3$ 能与磷相互作用导致磷的沉淀，且磷的沉降速率和 $CaCO_3$ 的沉降有关。②铁。Einsele 于 1936 年最早开始研究沉积物中铁对磷的吸附与释放的影响。一般认为，底泥向上覆水中释放磷的量随着间隙水中铁和磷酸盐比例的增大而减少，磷酸盐的吸附还被解释为铁氧化物微粒表面的羟基基团被磷酸盐基团取代而发生配位体交换过程。③铝化合物。在 pH 为 5.4～6.2，正磷酸盐与铝盐反应生成磷酸铝处于动态平衡状态，但是当 pH 上升至 7 时，铝盐会产生 $Al (OH)_3$，$Al (OH)_3$ 巨大的比表面积容易吸附大量的磷，对磷的吸附、解吸产生影响。Richardson 等人指出，底泥对无机磷的吸附和非结晶态铝、非结晶态铁浓度呈显著正相关，而非结晶态铝对磷酸盐的吸附量几乎是非结晶态铁的两倍（徐轶群，2010）。④有机质。腐殖质能和底泥中的铁、铝形成复合体，增强了对磷的吸附。⑤温度。温度升高使得水生生态系统沉积物中矿物对磷的吸附降低。Liikanen A（Liikanen A et al.，2002）通过研究发现，在好氧或厌氧条件下，磷的释放均随着温度的升高而增加，温度每升高 1～3 ℃，底泥中的总磷释放就会增加9%～57%。⑥pH。湖库水体 pH 为 7 时，沉积物磷释放量最小；pH 小于 7 时，磷酸盐溶解，$Al - P$ 先被释放；pH 大于 7 时，发生离子交换反应，磷被释放。⑦藻类。藻类会加速沉积物中分子结合态磷向水中迁移。

磷的吸附和解吸是影响生态系统中磷的固定和上覆水中磷浓度调节的重要

过程和因素（鲍林林，2017）；因此，研究磷在不同富营养化沉积物中的吸附、解吸行为，以及不同环境因素对其吸附、解吸的影响，具有重要的意义。

本章主要通过对湖泊底泥和土壤磷进行分级，结合吸附等温线、吸附动力学、吸附热力学试验等，分析湖库底泥和湖岸土壤对磷的吸附、解吸特征，对湖泊水生生态系统的研究具有重要意义。

第二节　底泥和土壤的不同磷形态的分析

一、不同磷形态的测定方法

研究采用 Hedley 分类方法对样品进行磷分级，分别测定出底泥和土壤样品中 Ca_2-P、$Al-P$、$Org-P$（高活性有机磷）、$Fe-P$、$O-Al-P$（闭蓄态铝磷）、$O-Fe-P$（闭蓄态铁磷）、$Ca_{10}-P$，测定步骤如下。

1. Ca_2-P　称取过 100 目筛样品（0.500 0±0.000 5）g 放入 50 mL 离心管内，加入 0.25 mol/L 的 $NaHCO_3$（pH7.5）25 mL，25 ℃下振荡 1 h，4 000 r/min 下离心 5 min，取出离心液测定 Ca_2-P，残渣用 25 mL 乙醇洗涤 2 次，保存备用。

2. $Al-P$　将上一环节中残渣加入 0.5 mol/L 的 NH_4F（pH8.5）25 mL，振荡 1 h，离心，取出离心液测定 $Al-P$，残渣用 25 mL 饱和 NaCl 洗涤 2 次，保存备用。

3. $Org-P$　将上一环节中残渣加入 0.7 mol/L 的 NaClO（pH8.05）25 mL，搅匀，沸水浴 30 min，冷却后离心，取离心液消化处理测定 $Org-P$，残渣用 25 mL 饱和 NaCl 洗涤 2 次，保存备用。

4. $Fe-P$　将上一环节中残渣加入 0.1 mol/L NaOH 和 0.1 mol/L Na_2CO_3 25 mL，振荡 2 h 后静置 16 h，再振荡 2 h，离心，取出离心液测定 $Fe-P$，残渣用 25 mL 饱和 NaCl 洗涤 2 次，保存备用。

5. $O-Al-P$　将上一环节中残渣加入 1 mol/L 的 NaOH 25 mL，搅匀，85 ℃水浴 1 h，冷却后离心，取出离心液测定 $O-Al-P$，残渣用 25 mL 饱和 NaCl 洗涤 2 次，保存备用。

6. $O-Fe-P$　将上一环节中残渣加入 0.3 mol/L 的柠檬酸钠 20 mL，搅匀后加入 0.5 g $Na_2S_2O_4$，80 ℃水浴平衡，加入 1 mol/L 的 NaOH 5 mL，冷却后离心，取出离心液消化测定 $O-Fe-P$，残渣用 25 mL 饱和 NaCl 洗涤 2 次，保存备用。

7. $Ca_{10}-P$　将上一环节中残渣加入 0.25 mol/L 的 H_2SO_4 25 mL，振荡 1 h，离心，取出离心液测定 $Ca_{10}-P$，弃去残渣。

二、不同形态磷的分析

底泥 A、底泥 B 和土壤 C 中不同形态磷含量如表 3-1 所示。从表 3-1 中可见，供试样品中总磷含量为底泥 A＞底泥 B＞土壤 C，分别为 607.97 mg/kg、421.92 mg/kg、302.19 mg/kg。底泥 A 中闭蓄态铝磷（O-Al-P）含量最高，含量高达 358.54 mg/kg，占 TP 的 58.97%，这与底泥 A 所处的水体环境密切关系。3 种供试样品中有效磷含量为底泥 B＞土壤 C＞底泥 A，浓度分别为 245.54 mg/kg、336.52 mg/kg 和 247.67 mg/kg；无效磷含量为底泥 A＞底泥 B＞土壤 C。原因是：①底泥 A 取自新立城水库，新立城水库为长春市供水水源地，其水质指标较好，水体中磷的浓度较低，底泥中的有效磷与水体中的磷产生交换，达到吸附解吸平衡；同时部分有效磷转换成闭蓄态磷，不参与吸附解吸反应。②底泥 B 是富营养化湖库底泥，其有效磷含量受高磷浓度水体的影响而较高，其无效磷含量远低于底泥 A，说明受富营养化污染湖库底泥受富营养化污染时间较短。③由于土壤 C 长期受人为活动影响，有效磷难以累积转化，故土壤 C 中无效磷含量最低。

表 3-1　供试样品中不同形态磷含量（mg/kg）

磷形态	底泥 A	底泥 B	土壤 C
Ca_2-P	37.94	87.00	25.13
$AL-P$	1.06	0.65	17.52
$Org-P$	72.99	91.38	37.10
$Fe-P$	133.54	157.50	167.92
$O-Al-P$	358.54	75.68	54.38
$O-Fe-P$	2.63	8.88	0.02
$CA_{10}-P$	1.27	0.85	0.13
TP	607.97	421.92	302.19

第三节　底泥和土壤对磷的吸附特性

一、试验材料

（一）试验试剂

碳酸氢钠、无水乙醇、氟化铵、氯化钠、次氯酸钠、碳酸钠、氢氧化钠、柠檬酸钠、连二亚硫酸钠、盐酸、抗坏血酸、钼酸铵、酒石酸锑钾、葡萄糖、磷酸二氢钾等，均为分析纯。

（二）试验仪器

722 型分光光度计（上海精密仪器有限公司）、水浴恒温振荡器（金坛市瑞华仪器有限公司）、低速台式离心机（上海精密仪器有限公司）、恒温水浴锅（金坛市瑞华仪器有限公司）等。

二、试验方案

（一）磷的吸附等温试验

参照 OECD guideline106 平衡吸附试验进行（Guan L Z 等，2013），取（0.500 0±0.000 5）g 供试样品（底泥 A、底泥 B 和土壤 C），于 50 mL 聚乙烯离心管中，按水土比 50∶1 加入 25 mL 磷浓度为 0 mg/L、0.01 mg/L、0.05 mg/L、0.1 mg/L、0.5 mg/L、1 mg/L、5 mg/L、10 mg/L 的溶液，滴加 2 滴氯仿以抑制微生物作用，于 25 ℃下恒温振荡，吸附平衡后 4 000 r/min 离心10 min，取上清液过 0.45 μm 滤膜，测定滤液中磷的含量。

（二）磷的吸附动力学试验

取（0.500 0±0.000 5）g 供试样品（底泥 A、底泥 B 和土壤 C）于 50 mL 聚乙烯离心管中，按水土比 50∶1 加入 25 mL 磷浓度为 2 mg/L 的溶液 25 mL。滴加 2 滴氯仿以抑制微生物作用，于 25 ℃下恒温振荡，分别在 1 min、2 min、3 min、5 min、7 min、10 min、20 min、40 min、60 min、120 min 取样，4 000 r/min 离心 10 min，取上清液过 0.45 μm 滤膜，测定滤液中磷的含量。

（三）磷的吸附热力学试验

将吸附温度分别控制在 15 ℃、20 ℃、25 ℃、30 ℃、35 ℃下恒温振荡，按吸附动力学试验方法重复进行试验，测定滤液中磷的含量。

（四）不同影响因素对磷吸附行为的影响

1. 背景液不同 pH 对磷吸附行为的影响　取（0.500 0±0.000 5）g 供试样品于 50 mL 聚乙烯离心管中，分别用 1 mol/L 的 NaOH 缓冲溶液和 1 mol/L 的 HCl 缓冲溶液配置 pH 分别为 4、5、6、7、8、9、10 的吸附液，按吸附动力学试验方法重复进行试验，以测定不同 pH 对磷吸附量的影响。

2. 背景液可溶性有机质对磷吸附行为的影响　用葡萄糖分别配制 COD 的浓度为 0 mg/L、50 mg/L、100 mg/L、200 mg/L、300 mg/L、500 mg/L 的溶液，按吸附动力学试验方法重复进行试验，以测定背景液不同有机质含量对磷吸附量的影响。

三、结果与分析

（一）磷的吸附等温线

底泥 A、底泥 B 和土壤 C 对磷的等温吸附如图 3-1 所示。从图 3-1 中可

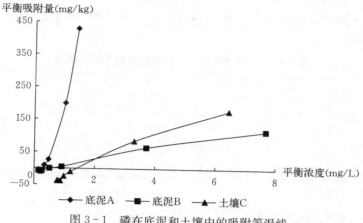

图 3-1　磷在底泥和土壤中的吸附等温线

见，随着初始磷浓度的升高，底泥 A 平衡吸附量 428.91 mg/kg；底泥 B 的平衡吸附量 116.18 mg/kg；土壤 C 的平衡平衡吸附量 178.00 mg/kg，介于底泥 A 和底泥 B 之间。由表 3-1 可知，3 种供试样品中有效磷含量为：底泥 B＞土壤 C＞底泥 A，由于底泥 A 的本底含磷量较低，吸附能力较强，随着溶液中磷浓度的升高，吸附量增加，平衡浓度变化较低，而底泥 B 的本底含磷量已接近饱和，故随着水样磷浓度升高，吸附量变化不明显，平衡浓度随之上升。当溶液磷浓度较低时，吸附平衡量均为负值，这主要是因为样品本底含量高于吸附液浓度，出现一定程度的磷解吸，此时供试样品为污染物磷的"源"。

　　污染物在底泥和土壤中的吸附可以通过不同的吸附方程进行拟合。Temkin 方程是吸附质在表面的吸附热随覆盖度的增大而线性降低；Henry 方程表征在观测浓度范围内，吸附质与吸附剂之间的吸引力不变，吸附剂有较强的吸附点位。本研究采用 Temkin 方程和 Henry 线性方程对数据进行分析拟合，拟合参数如表 3-2 所示。从表 3-2 中可见，Temkin 方程和 Henry 方程均能较好的拟合底泥和土壤对磷的吸附过程，对其相关 r 进行差异性检验，均达到差异极显著水平。从 Temkin 方程的拟合参数可知，吸附质对磷的吸附属于化学吸附，化学吸附占主导地位。Henry 线性方程对拟合的相关性更好，其 r 均大于 0.96；K_d 代表吸附质对磷的吸附程度，底泥 A 的吸附量远大于底泥 B 和土壤 C，这是由于 3 种不同吸附质的粉粒、砂粒、黏粒含量不同，其比表面积也不同，对磷在固液界面上交换的影响存在差异。一般来讲，吸附颗粒中黏粒含量高，表面积大，则表面能强，对磷的吸附量就越大（赵兴敏等，2014）。底泥 A、底泥 B、土壤 C 的等温线是穿过 x 轴而不是通过原点的交叉式曲线，即吸附等温方程的截距 $m<0$，这是因为吸附质中吸附一定量的磷，

而这部分已经结合在固相介质上的磷与吸附实验中吸附的磷在固液分配性质和结合力上不同，造成磷在低背景液浓度下，出现了磷释放现象（Jin X D et al.，2013）。

表 3-2　磷在底泥和土壤中的吸附等温拟合参数

样品类型	Temkin 方程			Henry 方程		
	A	B	r	K_d (mg/kg)	m (mg/kg)	r
底泥 A	249.25	160.40	0.862 4**	323.72	−80.70	0.968 9**
底泥 B	32.67	30.34	0.932 6**	17.20	−10.67	0.993 3**
土壤 C	19.80	99.37	0.991 5**	39.12	−64.71	0.991 6**

注：** 表示差异极显著。

（二）磷的吸附动力学

磷的吸附是十分复杂的动力学过程，通常包括快速吸附和慢速吸附 2 个过程，这与氮的吸附特征是一致的。磷在底泥 A、底泥 B 和土壤 C 中的吸附量随时间的变化如图 3-2 所示。从图 3-2 中可见，底泥 A 和土壤 C 在 10 min 时基本达到了吸附平衡，底泥 B 在 20 min 时基本达到吸附平衡，3 种样品的平衡吸附量分别为 86.39 mg/kg、44.95 mg/kg 和 51.37 mg/kg。底泥 A 和土壤 C 在 1 min 内能分别完成平衡时吸附量的 63.05％和 63.45％，5 min 能分别完成平衡时吸附量的 86.39％和 80.07％。吸附质在 20 min 内吸附速率较快，底泥 A、底泥 B、土壤 C 分别占吸附总量的 99.63％、91.51％、93.35％。这是因为磷主要吸附在固相物质的外表面，当外表面达到吸附饱和时，磷进入粒子间，主要由颗粒的内表面进行吸附，最后直至吸附平衡。

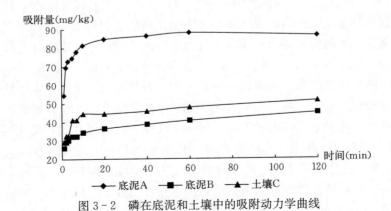

图 3-2　磷在底泥和土壤中的吸附动力学曲线

底泥 A、底泥 B 和土壤 C 对磷的吸附动力学采用准二级动力学方程和 Elovich 动力学方程进行拟合，拟合方程参数如表 3-3 所示。从表 3-3 中可见，准二级动力学方程和 Elovich 方程均能较好的拟合磷的吸附动力学，对其相关系数进行差异显著性检验，均达到差异极显著水平。准二级反应动力学对底泥 A 吸附磷过程拟合效果最佳，其 r 为 0.996 1，准二级动力学方程可能反映整个吸附过程的所有动力学机制，此方程涵盖了表面吸附、外部液膜扩散及粒子扩散等吸附过程；Elovich 动力学方程对底泥 B、土壤 C 吸附磷的过程拟合效果最佳。王富民等（2016）研究发现，在多孔介质的吸附过程中，限速步骤只可能是膜扩散或颗粒内扩散，磷在底泥和土壤中的 Elovich 拟合并不经过零点，因此吸附过程非常复杂，颗粒内扩散并非是唯一的速率控制步骤。

表 3-3　磷在底泥和土壤中吸附动力学方程拟合相关参数

样品类型	准二级动力学参数			Elovich 动力学参数		
	n	K	r	a	b	r
底泥 A	86.20	0.02	0.996 1**	64.60	4.45	0.982 0**
底泥 B	39.82	0.03	0.945 7**	25.56	3.08	0.996 2**
土壤 C	47.71	0.02	0.967 1**	30.26	3.62	0.989 4**

注：** 表示差异极显著。

（三）磷的吸附热力学

底泥 A、底泥 B 和土壤 C 分别在 15 ℃、20 ℃、25 ℃、30 ℃、35 ℃下进行磷吸附的研究，吸附量如图 3-3 所示。从图 3-3 中可见，随着温度升高，供试样品的平衡吸附量及吸附速率都有所下降；底泥 A、底泥 B 及土壤 C 在 15 ℃时的平衡吸附量分别是 25 ℃时的 96.14%、96.54% 和 77.42%，是 35 ℃时的 89.26%、81.69% 和 69.10%，说明样品对磷的吸附在进行物理吸附的同时，还存在一个热交换的化学过程，也就是一个吸热反应。因此，温度升高会促进底泥对磷的吸附，且温度对土壤平衡吸附量的影响要高于底泥，这可能是

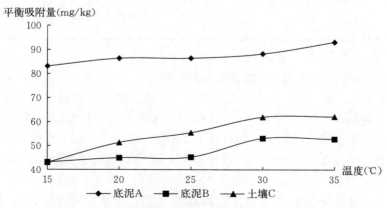

图 3-3　不同温度下底泥和土壤对氮吸附量的影响

由于土壤受人类活动因素影响较大，内部有机及无机成分构成较为复杂，温度改变对土壤内部生物化学反应影响较大。

不同温度下，底泥 A、底泥 B 和土壤 C 3 种供试样品对磷的吸附采用准二级动力学方程和 Elovich 动力学方程进行拟合，拟合参数如表 3-4 所示。从表 3-4 中可见，底泥 A、底泥 B 和土壤 C 与吸附活化能有关的吸附速率常数各不相同。对拟合方程的相关系数进行相关性检验，均达到差异极显著水平，说明不同样品的吸附量与时间呈极显著相关关系。

表 3-4 磷在底泥和土壤中吸附热力学方程拟合相关参数

样品类型	温度（℃）	准二级动力学参数			Elovich 动力学参数		
		q_e	K_2	r	a	b	r
底泥 A	15	80.63	0.01	0.972**	52.36	5.74	0.975**
	20	86.21	0.02	0.996**	64.61	4.45	0.981**
	25	82.88	0.02	0.961**	62.42	4.47	0.982**
	30	86.21	0.02	0.989**	68.27	3.82	0.989**
	35	87.22	0.02	0.954**	64.17	5.12	0.987**
底泥 B	15	42.16	0.02	0.923**	21.94	3.96	0.958**
	20	39.82	0.03	0.945**	25.56	3.08	0.996**
	25	46.13	0.03	0.993**	34.49	2.35	0.971**
	30	50.09	0.07	0.972**	41.30	2.03	0.991**
	35	49.75	0.05	0.979**	40.01	2.18	0.995**
土壤 C	15	42.70	0.02	0.972**	28.61	2.84	0.965**
	20	47.71	0.02	0.967**	30.26	3.62	0.989**
	25	52.98	0.02	0.945**	34.25	3.93	0.977**
	30	58.57	0.02	0.947**	37.53	4.44	0.983**
	35	58.54	0.04	0.959**	44.52	3.14	0.989**

注：** 表示差异极显著。

（四）背景液的不同 pH 对磷吸附量的影响

在背景液 pH 为 4、5、6、7、8、9、10 时，底泥 A、底泥 B 和土壤 C 分别对磷吸附情况如图 3-4 所示。pH 作为底泥和土壤的基本理化指标，是影响磷吸附的主要因素（Huang L et al.，2016）。从图 3-4 中可见，当 pH<7 时，随着 pH 的增加，底泥 A、底泥 B 和土壤 C 对磷的平衡吸附量逐渐增大；pH=7 时，对磷平衡吸附量分别为 90.59 mg/kg、38.49 mg/kg、43.27 mg/kg，这是因为当 pH 降低，底泥 A、底泥 B 和土壤 C 中从铝磷开始会依次溶解释放，平衡吸附量降低；当 pH>7 时，水中 OH⁻ 浓度逐渐增大，与磷酸根离子

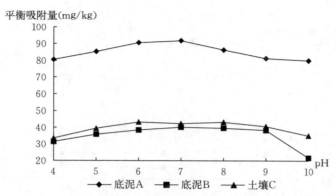

图 3-4　不同初始 pH 下底泥和土壤对磷吸附的影响

发生吸附竞争（Jin X C et al.，2006），平衡吸附量随 pH 的增大而减小，底泥 A、底泥 B 和土壤 C 的平衡吸附最大值和最小值之间的差值分别为 11.76 mg/kg、18.47 mg/kg 和 9.81 mg/kg。可见，受 pH 影响底质 A 和底质 B 对磷的吸附能力高于土壤 C，说明土壤对 pH 有较强的缓冲能力。

　　从吸附速率上看，3 种供试样品 pH 为 4 时，1 min 仅完成吸附总量的 44.16%、38.54%、31.15%，5 min 时完成 65.84%、62.82%、69.71%，10 min 时完成 94.04%、75.86%、82.69%；pH 为 7 时，1 min 仅完成吸附总量的 75.76%、48.95%、36.64%，5 min 时完成 88.57%、67.28%、96.98%，10 min 时完成 94.05%、75.13%、96.98%；而在 pH 为 10 条件下，1 min 完成吸附总量的 78.50%、40.00%、63.61%，5 min 时完成 95.28%、90.00%、92.43%，10 min 时完成 97.87%、95.00%、92.71%。不同样品的吸附速率为：底泥 A＞土壤 C＞底泥 B，不同 pH 对吸附速率影响：中性条件＞碱性条件＞酸性条件，这是由酸性条件下磷酸盐产生解吸引起。

　　（五）背景液不同可溶性有机质对磷吸附的影响

　　研究表明，COD 浓度能较好地反映水体中还原性物质的污染程度。本研究以 COD 作为可溶性有机物，添加浓度分别为 0 mg/L、50 mg/L、100 mg/L、200 mg/L、300 mg/L、500 mg/L 时，底泥 A、底泥 B 和土壤 C 对磷的吸附量如图 3-5 所示。从图 3-5 中可见，当 COD 添加浓度为 0～50 mg/L 时，磷平衡吸附随 COD 添加量的增加而增加。当 COD 添加量为 50 mg/L 时，底泥 A、底泥 B 和土壤 C 的平衡吸附量达到最大值，分别为 88.95 mg/kg、46.49 mg/kg 和 52.20 mg/kg。这是因为溶液中少量的有机物释放出 H^+，使样品中某些矿物表面基团质子化，增强对磷的吸附；当 COD 附加浓度大于 50 mg/L 时，随着 COD 浓度的增加，磷在底泥 A、底泥 B 和土壤 C 上的平衡吸附量显著降

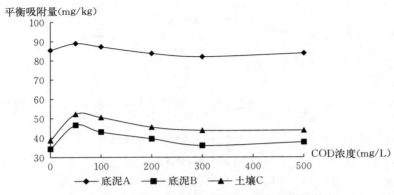

图 3-5　不同 COD 浓度对底泥和土壤吸附磷的影响

低。根据 Huang 等（Huang L et al.，2016）研究，土壤和底泥物的吸附是控制非极性有机污染物流向和迁移的基本过程。根据 Erich 等（Erich M S，2002）研究，吸附物中可溶性有机物与特定的无机元素结合，与磷争夺吸附点位，可溶性有机质与吸附剂中的铁、铝化合物发生反应，吸附的磷再被释放；有机物进入吸附剂表面的非特定性吸附电位产生负电荷，从而降低了吸附质与磷酸根离子之间的静电吸引。

第四节　底泥和土壤对磷解吸特性研究

一、试验方案

（一）磷的解吸动力学试验

取 100 mL 离心管，分别加入过 100 目筛的样品（0.500 0±0.000 5）g，加入磷浓度为 10 mg/L 的溶液 25 mL，振荡 24 h 至吸附平衡，4 000 r/min 离心 10 min 并去除离心液。加入 25 mL 蒸馏水，混匀，在 25 ℃下分别振荡 5 min、10 min、30 min、60 min、120 min，离心，取上清液过 0.45 μm 滤膜，测定离心液中磷浓度。

（二）磷的解吸热力学试验

参照磷的解吸动力学试验方法，将解吸温度分别控制在 15 ℃、20 ℃、25 ℃、30 ℃、35 ℃下恒温振荡，测定不同温度对磷的解吸量的影响。

（三）不同影响因素对磷解吸行为的影响

1. pH 对磷解吸量的影响　分别用 1 mol/L 的 NaOH 缓冲溶液和 1 mol/L 的 HCl 缓冲溶液配置 pH 分别为 4、5、6、7、8、9、10 的水溶液。参照磷的解吸动力学试验方法重复进行试验，以测定不同 pH 对磷解吸量的影响。

2. 可溶性有机质对磷解吸行为的影响　　用葡萄糖分别配制 COD 浓度为 0 mg/L、50 mg/L、100 mg/L、200 mg/L、300 mg/L、500 mg/L 的溶液。参照磷的解吸动力学试验方法重复进行试验，以测定不同有机质对磷解吸量的影响。

二、结果与分析

（一）磷的解吸动力学

底泥 A、底泥 B 和土壤 C 对磷解吸量的影响如图 3-6 所示。从图 3-6 可见，平衡解吸量为底泥 A ＜ 底泥 B ＜ 土壤 C，分别为 96.56 mg/kg、129.21 mg/kg 和 135.11 mg/kg，这是由于底泥 A 中活跃形态的磷含量较低，在吸附过程中与磷的结合稳定度较底泥 B 和土壤 C 高，因此解吸量相对较低，3 种供试样品的平衡解吸量分别为平衡吸附量的 21.00％、32.27％ 和 34.56％。底泥 A、底泥 B 和土壤 C 在 30 min 时基本达到解吸平衡。其中，5 min 的解吸量可以达到平衡时解吸量的 88.79％、68.56％ 和 82.76％；而 10 min 时，底泥 A 基本达到解吸平衡，底泥 B 和土壤 C 的解吸量则达到平衡解吸量的 84.66％ 和 89.83％。3 种供试样品解吸速率：底泥 A＞土壤 C＞底泥 B。

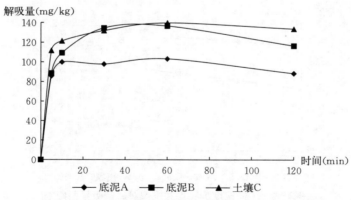

图 3-6　底泥和土壤对磷的解吸动力学曲线

不同样品的解吸曲线与准二级反应动力学方程相似，因此，采用准二级反应动力学方程进行拟合，拟合方程如表 3-5 所示。从表 3-5 中可见，不同样品对磷解吸的拟合方程的 r 进行相关性检验，均达到差异极显著水平，说明不同样品的解吸量与时间呈极显著相关关系。

表 3-5　底泥和土壤对磷解吸的准二级反应动力学方程拟合

样品类型	拟合方程	反应动力学参数		
		a	b	r
底泥 A	$\dfrac{t}{q} = -0.018\,00 + 0.011\,6t$	-0.018 00	0.011 16	0.997 2**
底泥 B	$\dfrac{t}{q} = 0.008\,059 + 0.008\,395t$	0.008 059	0.008 395	0.996 4**
土壤 C	$\dfrac{t}{q} = 0.002\,983 + 0.007\,393t$	0.002 983	0.007 393	0.999 6**

注：** 表示差异极显著。

（二）磷的解吸热力学

底泥 A、底泥 B 和土壤 C 分别在 15 ℃、20 ℃、25 ℃、30 ℃、35 ℃下进行解吸试验，解吸量如图 3-7 所示。从图 3-7 中可见，随着温度升高底泥对磷的解吸量上升，但上升趋势较为平缓均匀。在 15 ℃时，底泥 A、底泥 B 和土壤 C 的平衡解吸量分别为 86.08 mg/kg、109.08 mg/kg 和 130.08 mg/kg，在 25 ℃时的平衡解吸附量分别为 88.35 mg/kg、116.46 mg/kg 和 133.70 mg/kg，在 35 ℃时的平衡解吸量则分别为 94.07 mg/kg、120.07 mg/kg 和 139.07 mg/kg。试验温度每升高 5 ℃，磷解吸增加量均不超过 4%。可见温度对 3 种供试样品的平衡解吸量的影响较小，且由于磷的解吸是一个弱的吸热反应，使得其解吸量随着温度的上升而小幅升高。

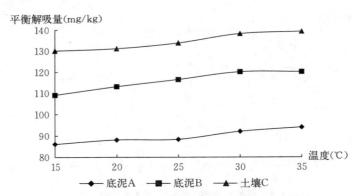

图 3-7　不同温度下底泥和土壤对磷解吸量的影响

（三）背景液的不同 pH 对磷的解吸量的影响

pH 分别为 4、5、6、7、8、9、10 时，底泥 A、底泥 B 和土壤 C 对磷的解吸量如图 3-8 所示。从图 3-8 中可见，底泥 A、底泥 B 和土壤 C 对磷的平衡解吸量的最小值出现在 pH 6~7。当 pH 为 6 时，底泥 A、底泥 B 和土壤 C 平衡解吸量分别为 54.31 mg/kg、86.52 mg/kg 和 94.67 mg/kg，pH 为 7 时的

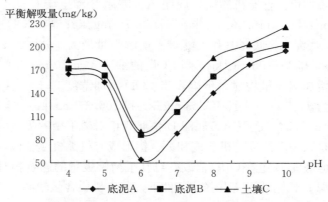

图 3-8　背景液不同 pH 对底泥和土壤中磷解吸量的影响

平衡解吸量分别为 88.35 mg/kg、116.44 mg/kg 和 133.70 mg/kg。这是因为，当 pH＜6 时，磷酸盐由 Al-P 起逐步开始溶解，解吸量随着 pH 的下降快速升高；当 pH＝4 时，底泥 A、底泥 B 和土壤 C 平衡解吸量分别为 164.84 mg/kg、172.24 mg/kg 和 183.08 mg/kg；当 pH＞7 时，由于水体中 OH^- 浓度的上升，与磷酸盐类的阴离子产生吸附竞争，随着 pH 的上升解吸量增大；当 pH＝10 时，底泥 A、底泥 B 和土壤 C 的平衡解吸量分别为 195.21 mg/kg、202.92 mg/kg 和 226.19 mg/kg。因为 pH 对磷解吸量的变化主要是磷酸盐和 OH^- 引起的，通过表 3-1 可知，底泥 A、底泥 B 和土壤 C 的 Al-P、Org-P 和 Fe-P 的总量基本相似，所以 pH 变化对底泥 A、底泥 B 和土壤 C 解吸磷的影响相差不大。

（四）背景液的不同可溶性有机质对磷解吸的影响

背景液不同 COD 浓度，底泥 A、底泥 B 和土壤 C 对磷解吸量的影响如图 3-9 所示。从图 3-9 可知，COD 的浓度在 0～50 mg/L 时，磷的解吸量逐

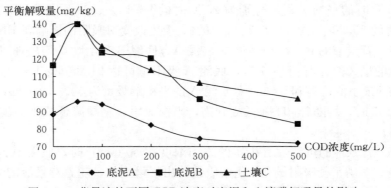

图 3-9　背景液的不同 COD 浓度对底泥和土壤磷解吸量的影响

渐增大，未添加可溶性有机质时，底泥 A、底泥 B 和土壤 C 的平衡解吸量分别为 88.35 mg/kg、116.46 mg/kg 和 133.70 mg/kg；当 COD 添加浓度为 50 mg/L 时，底泥 A、底泥 B 和土壤 C 平衡解吸量最大，分别为 95.73 mg/kg、139.79 mg/kg 和 139.96 mg/kg；当 COD 的浓度大于 50 mg/L 时，随着有机质添加量的增加解吸量均显著下降；当 COD 添加浓度为 300 mg/L 时，平衡解吸量分别为 74.50 mg/kg、97.23 mg/kg 和 106.37 mg/kg；当 COD 添加浓度高于 300 mg/L 时，底泥 A、底泥 B 和土壤 C 对磷平衡解吸量的影响逐渐减弱，这可能是因为高浓度有机质能和铁、铝形成有机无机复合体，为磷提供了吸附位点。但底泥 B 随着 COD 值改变对其平衡解吸量的影响相对较大，这可能是由于底泥 B 长期处于富营养化条件下，其有机质含量较高。

第五节　结　　论

本研究以长春市新立城水库中底泥和周边土壤为研究对象，探究了底泥 A、底泥 B 和土壤 C 对磷吸附解吸特性的影响。研究结果如下。

（1）底泥 A、底泥 B 和土壤 C 对磷的平衡吸附量分别为 428.91 mg/kg、116.18 mg/kg 和 178.00 mg/kg，Temkin 方程和 Henry 方程均能较好地拟合底泥和土壤对磷的吸附过程。平衡解吸量底泥 A<底泥 B<土壤 C，分别为 96.56 mg/kg、129.21 mg/kg 和 135.11 mg/kg，准二级动力学方程能较好地拟合磷解吸过程。

（2）准二级动力学方程和 Elovich 方程能较好地拟合磷的吸附动力学，对其相关系数 r 进行差异显著性检验，均达到差异极显著水平。解吸过程符合准二级反应动力学方程，拟合方程的相关系 r 为 0.996 4～0.999 6，3 种供试样品解吸速率：底泥 A>土壤 C>底泥 B。

（3）随着温度的升高，供试样品对磷的平衡吸附量和平衡解吸量均逐渐升高，15 ℃时的平衡吸附量分别为 25 ℃时的 96.14％、96.54 和 77.42％，是 35 ℃时的 89.26％、81.69％和 69.10％，温度改变对吸附的影响高于解吸。

（4）背景液的 pH 在 6～7 时，底泥 A、底泥 B 和土壤 C 均出现对磷平衡吸附量的最大值。当 pH＝7 时，底泥 A 吸附量可达 91.85 mg/kg，同时平衡解吸量的最小值；当 pH＝6 时，底泥 A 的平衡解吸量为 54.31 mg/kg；pH<6 和 pH>7 时，均随着 pH 降低或升高，平衡吸附量平缓降低或平衡解吸量急剧升高。

（5）背景液的可溶性有机质的添加浓度在 50 mg/L 时，底泥 A、底泥 B 和土壤 C 对磷平衡吸附量和平衡解吸量均出现最大值，随着背景液的 COD 浓度的不断上升，平衡吸附量和平衡解吸量下降。

第四章

湖库底泥和土壤对重金属镍吸附、解吸特性的研究

第一节 重金属污染研究概述

一、重金属污染的来源

重金属的来源主要包括自然源和人为源。自然源主要指岩石风化和火山喷发等自然地质活动（黄益宗等，2013）；人为源主要指工业、农业、城市及交通等因素，人为源是环境中重金属污染的主要来源。

（一）工业源

主要是来自有色金属的开采和冶炼过程。工业生产中废水、废渣、废气等污染物直接或者间接排入水体或土壤中，造成土壤环境中重金属浓度超标，进入水体的重金属会通过颗粒吸附、沉降等作用进入到底泥中，造成污染。依文献记录（Muchuwetia M et al.，2006），我国有近 700 万 km² 的农田受到了工业"三废"的污染。

（二）农业源

化肥、农药和畜禽粪便的大量不合理使用，导致土壤及水体底泥中重金属浓度增长。例如，化肥中重金属镉的含量可达 300 mg/kg，长期施用磷肥，会造成重金属镉对土壤的污染（夏家淇，1996）。有机肥料中含有大量的重金属添加剂（如铜、锌等），施用到农田中时，会导致土壤中铜、锌等重金属含量的增加，这些重金属会通过不同的途径进入水体，吸附在颗粒物表面，通过沉降作用进入到底泥中，导致重金属在底泥中富集，产生危害。

（三）城市源

日益快速发展的城市是重金属污染的一个很重要的来源。重金属污染主要来自城市污水处理厂所产生的剩余污泥、生活垃圾和工业垃圾及城市垃圾填埋场的垃圾渗滤液等。城市污水厂产生的剩余污泥中含有一定量的重金属元素，

若不进行处理就直接施入农田，将对土壤造成二次污染。城市生活垃圾焚烧中产生的有毒有害的粉尘、城市垃圾填埋产生的渗滤液中都含有不同浓度的重金属元素。

二、重金属污染的危害

重金属毒性大，其污染具有隐蔽性、不可逆性和持久性（王金贵，2011；姜强等，2013）。重金属污染还具有一定的富集性，一旦产生，危害作用将很难消除。重金属元素不仅可以直接进入大气环境、水环境及土壤环境，且会在大气、水和土壤之间相互转化迁移，造成这 3 种环境因素之间间接性污染（贾广宁，2004）。

（一）对土壤的危害

进入到土壤中的重金属含量超过其自身自净能力时，必定引起重大的生态风险。重金属极易与土壤中的有机或无机配体形成络合物，这些络合物可以被土壤胶体所吸附，被吸附后的重金属迁移性小，不易被微生物所降解，而且基本上是一个不可逆的过程（刘佳，2008）。

（二）对植物的危害

重金属在土壤-植物系统中的迁移转化，可以直接影响植物体的生长发育、生理结构及代谢功能，使农作物的产量降低；而且重金属在植物体内积累，通过食物链进行富集，最终危害人体的健康（孙花，2012）。

（三）对水体的危害

重金属对水体的影响主要体现在对水生生物的毒害作用。重金属进入水体之后，较高浓度的重金属会使鱼类等生物产生强烈的应激反应，导致鱼类等生物自身的免疫能力下降，并在其体内富集，产生毒害作用。同时，进入水体的重金属通过沉降等作用进入到水体沉积物中，如底泥作为水体生物的主要生活场所会对水生生物产生危害，最终对人类健康造成危害。

（四）对人体的危害

存在于环境中的重金属可以通过食物链的富集作用等，直接或间接地影响人体的健康。当其在人体内的含量超过一定浓度后，会使人体产生不同疾病（刘佳，2008）；重金属种类的不同，对人体造成的危害也不尽相同。

三、重金属在土壤和底泥中的污染现状

经济的发展，重金属的污染问题也日益突出，重金属不仅会滞留在土壤中，且会通过地表径流等方式进入地表水的水体沉积物中，最终造成土壤和底泥的重金属污染。陈涛等（2012）研究西安市某典型污灌区农田土壤时发现，长期采用污水灌溉的农田土壤，土壤中重金属 Cd、Cr、Cu、Hg、Ni、Pb 和

Zn 富集率分别为 100％、82.69％、100％、100％、80.77％、98.08％ 和100％。马亚梦等（2016）研究的 3 个典型铁尾矿库周边土壤，发现铁尾矿库存周边的土壤都受到了不同程度的重金属污染。翟云波等（2016）研究发现高速公路路域土壤中，Zn、Pb、Cd、Cr 和 Cu 这 5 种重金属浓度较高。王洪涛等（2016）研究开封市城市河流表层沉积物发现，重金属 Cd、Cr、Cu、Ni、Zn 和 Pb 含量远超河南省土壤环境背景值。滑丽萍等（2006）调查了中国不同区域湖泊底泥重金属含量及部分湖泊底泥重金属含量背景值。结果表明，中国湖泊中靠近土矿企业和人类活动频繁区的底泥重金属污染比较严重；并且 Cd、Hg、Ni 3 种重金属的污染相对比较严重，其次是 Cu、Zn、Pb，污染程度较轻的是 Cr 和 As。当外界环境条件发生改变时，积累在底泥中的重金属可能会通过悬浮、解吸等作用，重新进入水体，造成对水体的二次污染。研究还发现过量的 Pb、As、Cr 等重金属一旦进入人体，就会与人体内的细胞组分如蛋白质等发生配位，破坏细胞甚至干扰神经系统的正常功能，导致人体病变、甚至死亡（尚爱安等，2000）。

四、重金属在土壤和底泥中吸附、解吸的研究现状

（一）吸附、解吸机理

重金属进入底泥和土壤后的主要反应是吸附、解吸作用，吸附和解吸直接影响着重金属在底泥和土壤中的迁移转化、生物有效性，以及在食物链中的传递程度等（乔冬梅等，2011；Bolan N et al.，2014）。底泥和土壤对重金属的吸附作用包含专性吸附和非专性吸附。专性吸附又称化学吸附，其吸附过程主要发生在水合氧化物表面和溶液的界面，在胶体的电位层中进行；主要为金属离子与水合氧化物的羟基化表面、腐殖质胶体的羟基，以及层状铝硅酸盐矿物边沿暴露的铝醇、硅烷醇等，发生的表面络合或螯合作用，吸附速率较慢，形成的是内圈化合物。非专性吸附又称离子交换吸附，是由底泥和土壤外表静电力引起的，由分子间范德华力产生的，吸附速率较快。一般被专性吸附所吸附的金属离子，当外界环境发生改变时不容易被解吸，而被非专性吸附所吸附的金属离子容易被解吸。

（二）环境因子对重金属的吸附、解吸的影响

1. 温度的影响　温度是影响重金属吸附、解吸作用的因素之一，主要是因为吸附、解吸往往伴随体系能量的变化。通过对吸附、解吸过程中热力学反应参数的改变来判断反应的自发性，以及是吸热反应还是放热反应。有研究表明长江三角洲区域典型土壤对铅的吸附过程为自发吸热反应，即温度升高有益于土壤对铅的吸附（胡宁静等，2010）。Turner A（2008）等同样发现随着温度的升高，铁锰氧化物吸附 Pb（Ⅱ）的能力增大。

2. pH 的影响　pH 主要通过以下 3 个方面来影响底泥和土壤对重金属离子的吸附、解吸效果。①pH 限制重金属离子的水解程度、金属羟基络离子的分布系数及金属离子的沉淀程度；②pH 改变土壤溶液中其他离子的构成和分布系数、有机物的溶解水平，以及可以改变土壤胶体表面电荷的数目和性质；③pH 控制固体颗粒物表面的各类水解反应，影响重金属与土壤外表面沉淀作用和表面络合作用（邹献中等，2003）。Chen T H 等（2005）的研究表明，坡缕石黏土矿物吸附重金属的主要影响因子是 pH。Mustafa G 等（2004）认为土壤中有机质和铁铝氧化物常带有可变电荷，土壤溶液 pH 升高使得土壤中富含可变电荷的有机质和铁铝氧化物解离并释放出质子，使土壤颗粒外表负电荷增多，引起金属离子的静电吸附作用加强，金属吸附容量增大。

3. 有机质的影响　有机质是土壤吸附重金属的重要组分之一，因其具有大量功能团、高阳离子交换量和大比表面积，所以可以通过外表络合、离子互换和外表沉淀 3 种方法来加强土壤和底泥对重金属的吸附能力。李玉等（2005）的研究显示沉积物中有机质的存在对重金属的分布与富集起很大的作用。范春辉等（2013）研究发现，去除有机质的农田黄土对铅的吸附量比未去除有机质的农田黄土约降低了 60.71%。

五、重金属镍的危害及研究现状

镍（Ni）在地球上的含量位居第 5 位，普遍以矿石的形式存在，但在天然水体中的 Ni 基本以硫化物、硝酸盐等形式出现（Prithviraj D et al.，2014）。2017 年 10 月 27 日，世界卫生组织国际癌症研究机构公布镍是一类致癌物质，可导致多种癌症的病变，如直肠癌、口腔癌等（Katleen D B et al.，2012）。Ni 具有不可生物降解性和持久性，极易在土壤和生物体内富集，对人体健康构成严重的威胁。近年来，随着经济社会的发展及工业化进程的加快，重金属污染已经成为全球性的环境污染问题，尤其是重金属对土壤环境的污染（Kashulina，2018）。大量的镍通过矿业开采、大气沉降、化肥和农药施用被释放到环境中，或通过污泥、污水灌溉进入土壤中。积累在土壤中的镍可能滞留在土壤中，通过种植等农业活动进入农作物；也可能通过淋溶作用进入水体，而后通过颗粒吸附、沉降等作用进入湖库底泥，使得底泥成为污染物重要的"源"和"汇"，进而产生内源污染。底泥作为水生生态系统的重要部分，被重金属污染后，会对水生生物造成很大的危害，进而对人体及生态系统造成危害（Vukosav P et al.，2014）。土壤和底泥的吸附会影响镍的迁移率和生物利用度，从而影响对环境和人类进一步危害。

人类的农业活动是河流和湖库沉积物最主要的输入来源。在暴雨期间，大量的土壤、泥沙等物质通过地表径流输入河流和湖库，使得底泥和岸边土壤在组分上有一定的相关性。因此，有必要研究底泥和岸边土壤对 Ni 的吸附特性，以了解重金属 Ni 在固液相之间的分配规律。

第二节　底泥和土壤对重金属镍的吸附特性研究

一、试验材料

（一）供试样品

底泥样品：同第二章试验中的底泥 A；土壤样品：同第二章试验中的土壤 C。

（二）试验药品

氯化镍、氢氧化钠、硝酸等，以上试剂均为分析纯，购自北京化工厂。

（三）试验仪器

TAS-990 火焰原子吸收分光光度计（北京普析通用仪器有限责任公司）、TDL-40B 低速台式离心机（上海安亭科学仪器厂）、水浴恒温振荡器（金坛市瑞华仪器有限公司）。

二、试验方案

（一）Ni 的吸附等温试验

参照 OECD guideline 106 平衡吸附试验方法进行。取（1.000 0±0.000 5）g 土壤样品于 50 mL 聚乙烯离心管中，按水土比 20∶1，加入 20 mL 含不同浓度 Ni 的背景溶液，使 Ni 的浓度分别为 50 mg/L、100 mg/L、200 mg/L、300 mg/L、400 mg/L、500 mg/L，在 25 ℃下恒温振荡至吸附平衡后，于 4 000 r/min 下离心 10 min，过滤，测定上清液中 Ni 浓度。

（二）Ni 的吸附动力学试验

参照 Ni 的吸附等温试验的试验方法，加入 100 mg/L 的 Ni 背景溶液 20 mL，于 25 ℃下恒温振荡，分别在 1 min、5 min、10 min、20 min、30 min、60 min、120 min、240 min、360 min、480 min、720 min、1 440 min 时取样，于 4 000 r/min 离心 10 min，过滤，测定上清液中 Ni 浓度。

（三）Ni 的吸附热力学试验

参照 Ni 的吸附等温试验的试验方法，配制 5 组含 Ni 浓度为 50 mg/L、100 mg/L、200 mg/L、300 mg/L、400 mg/L、500 mg/L 的 20 mL 溶液，分别置于 15 ℃、25 ℃、35 ℃恒温条件下振荡至吸附平衡，于 4 000 r/min 离心 10 min，过滤，测定上清液中 Ni 浓度。

（四）不同影响因素对 Ni 吸附行为的影响

1. 有机质含量对 Ni 吸附行为的影响　分别取（1.000 0±0.000 5）g 供试

样品和去有机质样品于 50 mL 聚乙烯离心管中，按水土比 20∶1 加入 20 mL 不同浓度 Ni 溶液，使 Ni 的浓度分别为 50 mg/L、100 mg/L、200 mg/L、300 mg/L、400 mg/L、500 mg/L，25 ℃下恒温振荡至吸附平衡，于 4 000 r/min 下离心 10 min，过滤，测定上清液中 Ni 浓度。

2. 背景液不同 pH 对 Ni 吸附行为的影响　用 1 mol/L HCl 和 1 mol/L NaOH 溶液调节样品 pH，使溶液 pH 分别 3、5、7、9、11，参照 Ni 的吸附等温试验方法进行试验，测定 Ni 的浓度，研究不同 pH 对 Ni 吸附量的影响。

3. 背景液 N、P 含量对 Ni 吸附行为的影响　在溶液中添加含 N 溶液（由 KNO_3 配制），使得溶液中 N 的浓度分别为 0 mg/L、1 mg/L、5 mg/L、10 mg/L；含 P 溶液（由 KH_2PO_4 配制），使得溶液中 P 的浓度分别为 0 mg/L、0.5 mg/L、3 mg/L、5 mg/L，参照 Ni 的吸附等温试验方法，对试验进行重复操作，研究添加 N、P 对 Ni 吸附量的影响。

三、结果与分析

（一）Ni 的吸附等温线

底泥和土壤对 Ni 的吸附等温线如图 4-1 和图 4-2 所示。从图 4-1 和图 4-2 可见，在试验浓度范围内，当 Ni 的初始浓度从 50 mg/L 变化到 500 mg/L 时，Ni 在底泥和土壤上的等温吸附线均呈现出斜率逐渐增大的趋势，但是吸附量并未达到饱和状态；当 Ni 的浓度为 500 mg/L 时，底泥和土壤对 Ni 的平衡吸附浓度分别为 17.86 mg/L 和 20.71 mg/L，平衡吸附量分别为 9 642.88 mg/kg 和 9 585.84 mg/kg。

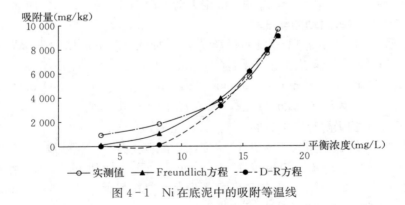

图 4-1　Ni 在底泥中的吸附等温线

根据等温吸附曲线的分类，可以看出底泥和土壤对 Ni 的等温吸附曲线呈 S 形。对于 S 形的等温吸附线可以用 Freundlich 方程和 D-R 方程对数据进行

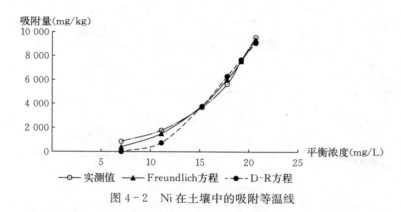

图 4-2　Ni 在土壤中的吸附等温线

拟合，以此来解释 Ni 在底泥和土壤上的吸附机理，拟合参数如表 4-1 所示。从表 4-1 中可见，Ni 在底泥和土壤上的吸附等温线用 Freundlich 方程或 D-R 方程拟合，其相关系数 r 均大于 0.980 0；其中 Freundlich 方程拟合效果最好，吸附常数（K_f）代表底泥和土壤对 Ni 的吸附能力，K_f 越大吸附能力越强，$K_{f(底泥)} > K_{f(土壤)}$，说明底泥比土壤更易吸附重金属 Ni。Freundlich 方程中的 n 值小于 1，这主要是由于 Ni 的浓度小于 500 mg/L 时，底泥和土壤对 Ni 的吸附均未达到饱和状态；其原因可能是由于在增加吸附量的同时，也对底泥和土壤表面产生了一种改性作用，使供试样品形成了新的吸附点位而促进了 Ni 在底泥和土壤上的吸附（Pehlivan H et al.，2005）。由于 D-R 方程描述的是一种吸附剂孔隙完全被溶质填充的理想吸附状态，因此计算的平衡吸附量（q_m）是一种理想状态。

表 4-1　底泥和土壤对 Ni 等温吸附拟合参数

项目	Freundlich 方程			D-R 方程		
	K_f	$1/n$	r	q_m	k	r
底泥	3.190 6	2.761	0.989 1**	31 898.250 7	68.847 6	0.985 9**
土壤	1.256 2	2.938	0.996 3**	26 562.080 6	78.384 4	0.986 6**

注：** 表示差异极显著。

（二）Ni 的吸附动力学

底泥和土壤对 Ni 吸附量随时间变化如图 4-3 所示。从图 4-3 可见，整个吸附过程可以分为 2 个阶段，即快速吸附阶段、慢速平衡阶段。在 0～120 min 内溶液中 Ni 的浓度迅速降低，在 120～1 440 min 溶液中 Ni 的浓度变化逐渐趋于平衡。在 0～120 min 底泥和土壤对 Ni 的吸附量分别占吸附总量的 99.57% 和 99.84%，吸附平衡后底泥和土壤对 Ni 的最大吸附量为

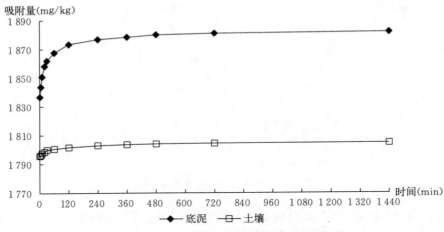

图 4-3　Ni 在底泥和土壤中的吸附动力学曲线

1 881.60 mg/kg 和 1 804.58 mg/kg。说明底泥和土壤的表面存在较多的吸附点位，可以快速对 Ni 进行吸附，当吸附点位被占据的越来越多，反应速率降低，直至吸附达到平衡；同时，Ni 在底泥和土壤中吸附时可能形成复合体，使其外表吸附的重金属转移到颗粒内部，并在底泥和土壤表面产生沉淀，使得底泥和土壤对 Ni 的吸附量越来越小，最后直至趋于平衡（王金贵，2011）。

　　本试验采用 Elovich 方程和抛物线扩散方程对 Ni 在底泥和黑土中的吸附动力学进行数据拟合。拟合的相关参数如表 4-2 所示。从表 4-2 中可见，Elovich 方程对 Ni 在底泥和黑土中的吸附动力学拟合效果较好，说明吸附动力学过程是非均相扩散过程，由多种机理控制的反应过程，包括了吸附、扩散、溶解和矿化等，相关系数 r 分别为 0.982 7 和 0.989 5，说明用 Elovich 方程描述底泥和黑土对 Ni 的吸附过程比较合适，相关系数均达到差异极显著水平。Elovich 方程中的常数 a 值越大，吸附速率越大；因此，底泥的吸附量大于土壤的吸附量。抛物线扩散方程对吸附的拟合性相对较差，相关系数 r 分别为 0.790 5 和 0.881 3。在上述所拟合的方程中，用吸附量与时间作图，直线均没

表 4-2　底泥和土壤对 Ni 吸附动力学拟合的相关参数

样品类型	Elovich 方程			抛物线扩散方程			
	a	b	r	a	b	s	r
底泥	1 836.850 7	6.884 7	0.982 7**	293.847 1	0.178 9	6.301 6	0.790 5**
黑土	1 795.528 8	1.294 2	0.989 5**	267.289 2	0.034 6	6.727 3	0.881 3**

注：** 表示差异极显著。

有经过坐标原点，可推断颗粒内扩散并不是吸附过程的唯一步骤，吸附过程还受其他吸附作用的共同控制（朱丹尼等，2015）。

（三）Ni 的吸附热力学

底泥和黑土对 Ni 吸附量随温度变化如图 4-4、图 4-5 所示。从图 4-4 和图 4-5 可见，在试验温度范围内，随着温度的升高，底泥和土壤对 Ni 的吸附量逐渐升高，但吸附并未达到饱和状态。由于温度升高有利于底泥和土壤对 Ni 的吸附，可以确定反应为吸热反应。重金属 Ni 在试验温度范围内，具有很好的水合性，被底泥和土壤吸附时，将会失去水合外壳，失去水合外壳的过程是需要一定能量的，而脱离水分子的过程是一个吸热过程。这与 Song X 等（2009）研究的关于 Ni^{2+} 的吸附结果是一致的，温度越高，越有利于吸附在底泥和土壤表面的 Ni 向颗粒内部扩散，有利于外层络合物向内层络合物转变，有利于热力学不稳定化合态向稳定化合态转变，最终产生了在试验温度范围内 Ni 在底泥和土壤上的吸附量随温度的升高而逐渐增大的现象。

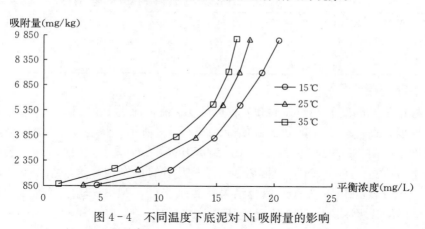

图 4-4　不同温度下底泥对 Ni 吸附量的影响

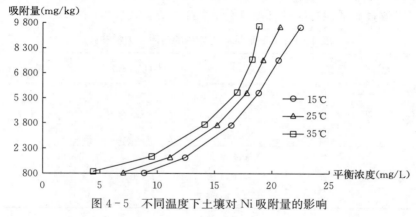

图 4-5　不同温度下土壤对 Ni 吸附量的影响

Ni 在 15 ℃、25 ℃、35 ℃下的吸附热力学方程拟合结果由表 4 - 3 所示。从表 4 - 3 中可见，Freundlich 方程对 Ni 在底泥和土壤上的热力学的拟合具有很好的相关性，r 为 0.949 1～0.997 5，说明底泥和土壤对 Ni 吸附热力学可以用 Freundlich 方程进行拟合。底泥和土壤的 K_f（15 ℃）＜K_f（25 ℃）＜K_f（35 ℃），说明底泥和土壤对 Ni 吸附量均随温度的升高逐渐增大，且吸附量均未达到饱和状态，温度越高，底泥和土壤对 Ni 的吸附能力越强，可以确定吸附反应为吸热反应。

表 4 - 3　Ni 在底泥和土壤中等温吸附拟合参数

样品类型	温度（℃）	Freundlich 方程			D - R 方程		
		K_f	n	r	q_m	k	r
底泥	15	1.958 3	0.355 4	0.992 3**	24 814.982 8	70.596 6	0.978 6**
	25	3.190 4	0.362 1	0.978 6**	28 899.086 6	63.765 8	0.948 3**
	35	17.077 7	0.451 3	0.961 7**	21 947.830 5	44.461 3	0.924 6**
土壤	15	1.045 3	0.341 9	0.982 9**	25 954.728 5	88.607 4	0.983 2**
	25	1.256 8	0.340 6	0.994 6**	26 562.076 7	78.384 6	0.972 3**
	35	1.463 0	0.338 4	0.972 4**	27 134.159 3	69.940 9	0.943 8**

注：** 表示差异极显著。

根据不同温度下 Freundlich 方程中的 K_f 值，通过 lnK_f 和 $1/T$ 来计算焓变和熵变，通过公式计算出 ΔG，结果如表 4 - 4 所示。从表 4 - 4 中可见，不同温度下吸附 Ni 的 ΔG 值均小于 0，温度升高，ΔG 减小，说明 Ni 在底泥和土壤上吸附过程是自发的，且高温有利于吸附的自发性，这一结果与 Langmuir 方程 Freundlich 方程的拟合结果一致（张妤，2013；胡宁静等，2010）。ΔH 可以反映吸附反应是吸热反应还是放热反应，Ni 在底泥和土壤中的 ΔH 均大于 0，说明该反应为吸热反应。ΔG 和 ΔH 表明底泥和土壤对 Ni 的缓冲能力以及迁移性和活性可能具有季节性（李祥平等，2012）。

表 4 - 4　Ni 在底泥和土壤中的吸附热力学参数

样品类型	温度（℃）	ΔG（kJ/mol）	ΔH（kJ/mol）	ΔS［kJ/(mol・K)］
底泥	15	−1.170 7		
	25	−3.970 3	79.510 4	0.280 4
	35	−6.770 6		
土壤	15	−0.230 8		
	25	−0.670 4	12.450 8	0.040 3
	35	−1.110 2		

（四）不同有机质含量对 Ni 的吸附量的影响

去除有机质前后底泥和土壤对 Ni 吸附量的变化如图 4-6 和图 4-7 所示。从图 4-6 和图 4-7 可见，当溶液中 Ni 添加浓度最大为 500 mg/L 时，去除有机质前后的底泥对 Ni 的吸附量分别为 9 630.88 mg/kg 和 9 436.66 mg/kg，去有机质后底泥的吸附量下降了 2.17%；去除有机质前后土壤对 Ni 的吸附量分别为 9 591.84 mg/kg 和 9 428.96 mg/kg，去除有机质后吸附量下降了 1.70%。说明有机质的存在可以增加底泥和土壤对 Ni 的吸附量。

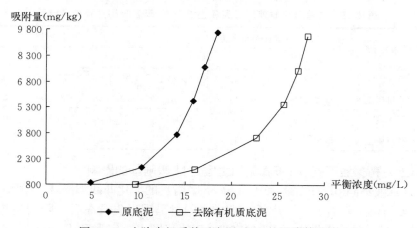

图 4-6　去除有机质前后底泥对 Ni 的吸附等温线

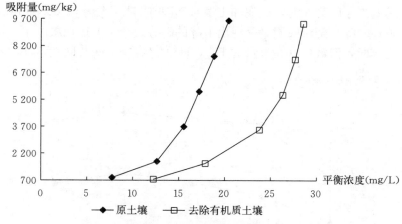

图 4-7　去除有机质前后土壤对 Ni 的吸附等温线

依照贡献率的计算公式，得出底泥和土壤中有机质对 Ni 吸附的贡献率分别为 2.06% 和 1.73%（李祥平等，2012）。这与土壤和底泥本身有机质有关的，即有机质含量越高贡献率越大，去除有机质后底泥对 Ni 的吸附点位大于土壤。

去除有机质前后底泥和土壤对 Ni 的等温吸附线用 Freundlich 方程和 D-R 方程来进行数据拟合，拟合参数如表 4-5。由表 4-5 中可见，Freundlich 方程能够更好地拟合去除有机质前后 Ni 在底泥和土壤上的吸附等温线，相关系数 r 分别为 0.981、0.961 和 0.992、0.967。去除有机质后的 K_f 的值均小于未去除有机质的 K_f，说明去除有机质后底泥和土壤对 Ni 的吸附能力下降，有机质的存在可以增强底泥和土壤对 Ni 的吸附。

表 4-5　去除有机质前后底泥和土壤对 Ni 等温吸附方程拟合参数

样品类型	Freundlich 方程			D-R 方程		
	K_f	n	r	q_m	k	r
原底泥	0.848	0.312	0.981	31 968.54	71.894	0.950
去除有机质底泥	0.011	0.246	0.961	53 212.65	239.789	0.921
原土壤	0.418	0.300	0.992	33 528.1	89.841	0.953
去除有机质土壤	6.68×10^{-4}	0.204	0.967	77 883.85	298.393	0.934

（五）背景液不同 pH 下底泥和土壤对 Ni 吸附量的影响

背景液不同 pH 下底泥和土壤对 Ni 吸附量的变化曲线如图 4-8 所示。从图 4-8 可见，随着 pH 的升高，Ni 的吸附量呈现出先升高后下降的趋势，当 pH 为 3 时，吸附量最小；pH 处在 3~5 的范围内，底泥和土壤对 Ni 的吸附量随 pH 的升高快速增大；pH 处在 5~9 的范围内，随 pH 的增大吸附量上升较为缓慢；在 pH 为 9 时，底泥和土壤对 Ni 吸附量最大为 3 763.48 mg/kg 和 3 716.50 mg/kg，随后吸附量呈现出下降的趋势。产生上述现象的主要原因是当 pH 为 3 时，溶液中存在大量的 H$^+$，H$^+$ 的存在与 Ni 共同竞争底泥和土壤

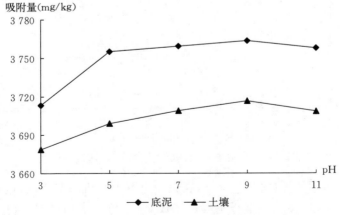

图 4-8　不同初始 pH 下底泥和土壤对 Ni 吸附量的影响

表面有限的吸附点位，此时 Ni 的吸附量最低，随着溶液 pH 的升高，H^+ 浓度越来越少，其竞争吸附作用降低，Ni 的吸附量逐渐增加。由溶液 pH 对 Ni 在水溶液中的形态分布可知（董云会，2012），在 pH＞7 时 Ni 主要是以 Ni$(OH)^+$ 和 Ni$(OH)_2$ 的形式存在，在此时会产生 Ni$(OH)_2$ 沉淀，也会使底泥和土壤对 Ni 的吸附量增加。

（六）背景液不同 N、P 含量对 Ni 吸附量的影响

不同 N、P 含量对 Ni 在底泥和土壤中吸附量影响，如图 4-9 和图 4-10 所示。从图 4-9 和 4-10 可见，当 N 的含量分别为 1 mg/L、5 mg/L、10 mg/L 时，底泥对 Ni 的吸附量分别降低了 0.07%、0.08%、0.44%，土壤对 Ni 的

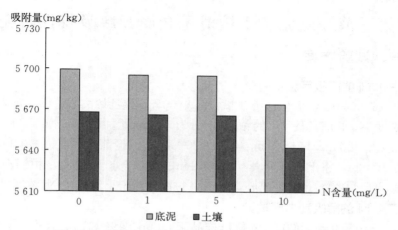

图 4-9　不同 N 含量下底泥和土壤对 Ni 吸附量的影响

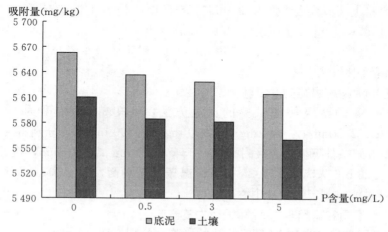

图 4-10　不同 P 含量下底泥和土壤对 Ni 吸附量的影响

吸附量分别降低了 0.03%、0.04%、0.44%。当 P 的含量分别为 0.5 mg/L、3 mg/L、5 mg/L 时，底泥对 Ni 的吸附量比未添加 P 时分别降低了 0.46%、0.60% 和 0.85%，土壤对 Ni 的吸附量分别降低了 0.45%，0.50% 和 0.88%。产生上述现象的原因可能是：①加入 N、P 时，会将 K^+ 带入进底泥和土壤中，重金属的离子半径、电负性、水解常数等都会影响土壤和底泥对重金属的吸附。K^+ 的带入，使底泥和土壤中的吸附位点被其占据，形成竞争吸附而造成 Ni 的吸附量减少。②底泥和土壤中加入 N、P，使土壤溶液和底泥溶液电导值增大，H^+ 浓度升高，吸附和解吸平衡过程中土壤和底泥中重金属溶解量增大，致使 Ni 的吸附量减少。

第三节　底泥和土壤对重金属镍解吸特性研究

一、试验方案

（一）Ni 的解吸等温试验

取 (1.000 0±0.000 5) g 供试样品于 50 mL 聚乙烯离心管中，加入 20 mL 不同浓度 Ni 溶液，使 Ni 的浓度分别为 50 mg/L、100 mg/L、200 mg/L、300 mg/L、400 mg/L、500 mg/L，在 25 ℃下恒温振荡至平衡，于 4 000 r/min 下离心 10 min，将上清液弃去，加入 20 mL 去离子水于 25 ℃下恒温振荡至解吸平衡，于 4 000 r/min 下离心 10 min，过滤，测定上清液中 Ni 浓度。

（二）Ni 的解吸动力学试验

取 (1.000 0±0.000 5) g 供试样品于 50 mL 聚乙烯离心管中，分别加入 100 mg/L 的 Ni 溶液 20 mL 于 25 ℃下恒温振荡 24 h，于 4 000 r/min 离心 10 min，将上清液弃去，加入 20 mL 去离子水于 25 ℃下恒温振荡，振荡时间分别为 1 min、5 min、10 min、20 min、30 min、60 min、120 min、240 min、360 min、480 min、720 min、1 440 min，于 4 000 r/min 离心 10 min，过滤，测定上清液中 Ni 浓度。

（三）Ni 的解吸热力学试验

参照 Ni 的解吸等温试验的试验方法，将初始 Ni 浓度为 50 mg/L、100 mg/L、200 mg/L、300 mg/L、400 mg/L、500 mg/L，分别置于 15 ℃、25 ℃和 35 ℃条件下振荡至吸附平衡，于 4 000 r/min 离心 10 min，将上清液弃去，加入 20 mL 去离子水于 25 ℃下恒温振荡至平衡，于 4 000 r/min 下离心 10 min，过滤，测定上清液中 Ni 浓度。

（四）不同影响因素对 Ni 解吸行为的影响

1. 不同有机含量对 Ni 解吸行为的影响　分别称取 (1.000 0±0.000 5) g 供试样品和去有机质样品于 50 mL 聚乙烯离心管中，加入 20 mL 不同浓度 Ni

溶液，使 Ni 的浓度分别为 50 mg/L、100 mg/L、200 mg/L、300 mg/L、400 mg/L、500 mg/L，于 25 ℃下恒温振荡至吸附平衡，于 4 000 r/min 下离心 10 min，将上清液弃去，加入 20 mL 去离子水于 25 ℃下恒温振荡至平衡，于 4 000 r/min 下离心 10 min，过滤，测定上清液中 Ni 浓度。

2. 背景液不同 pH 对 Ni 解吸行为的影响　按 Ni 的解吸等温试验的试验方法，达到吸附平衡后，弃去上清液，分别加入 pH 为 3、5、7、9、11 的背景溶液，恒温振荡至解吸平衡，于 4 000 r/min 下离心 10 min，过滤，测定上清液中 Ni 浓度。

3. 背景液不同 N、P 含量对 Ni 解吸行为的影响　按 Ni 的解吸等温试验的试验方法，达到吸附平衡后，弃去上清液，加入 20 mL 含不同 N、P 含量的背景溶液，得到溶液中 N、P 的含量分别为 0 mg/L、1 mg/L、5 mg/L、10 mg/L 和 0 mg/L、0.5 mg/L、3 mg/L、5 mg/L 的溶液 20 mL，于 25 ℃下恒温振荡至平衡，于 4 000 r/min 下离心 10 min，过滤，测定上清液中 Ni 浓度。

二、结果与分析

（一）Ni 的解吸等温线

解吸量往往作为表示吸附强度的指标，一般可以用来说明胶体表面活性吸附位与重金属离子结合牢固程度。Ni 在底泥和土壤上解吸等温线如图 4-11 所示。从图 4-11 可见，底泥和土壤对 Ni 的解吸量均随着吸附量的增加而增加，对 Ni 的最终吸附量为 9 642.88 mg/kg 和 9 585.84 mg/kg，最终解吸量为 121.34 mg/kg 和 129.78 mg/kg，解吸量占吸附量的 1.26% 和 1.35%；可见底泥和土壤对 Ni 的吸附能力较强，解吸能力较弱，且在底泥中的解吸量小于在土壤中的解吸量。在吸附量较低时，Ni 占据着能量高的吸附点位，且以专性

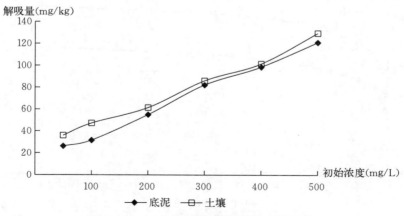

图 4-11　Ni 在底泥和土壤中的解吸等温线

吸附为主，因此很难将 Ni 解吸下来；当达到一定饱和度后，专性吸附点位逐渐减少，此时非专性吸附占据主导地位，被底泥和土壤吸附的重金属稳定性降低，比较容易解吸，解吸量也随之增加（王胜利等，2011）；当吸附量较高时仍有一部分 Ni 没有被解吸下来，主要是因为底泥和土壤对 Ni 的专性吸附所导致的，未被解吸下来的 Ni 可能是底泥和土壤对重金属污染的缓冲能力（张迎新，2011）。

本试验采用 Freundlich 方程和 D-R 方程对 Ni 的解吸行为进行数据拟合，拟合结果如表 4-6 所示。从表 4-6 可见，Freundlich 方程对 Ni 在底泥和土壤上的解吸等温线有很好的拟合性，相关系数 r 为 0.942 和 0.945，K_f（底泥）$<K_f$（土壤），底泥对 Ni 的解吸能力较弱，不易被解吸下来。D-R 方程的拟合效果较差，相关系数 r 仅为 0.872 和 0.820；因此，Freundlich 方程更适合描述 Ni 在底泥和土壤上的解吸等温过程。

表 4-6　Ni 在底泥和土壤中的解吸等温拟合参数

样品类型	Freundlich 方程			D-R 方程		
	K_f	n	r	q_m	k	r
底泥	0.721	0.572	0.942	197.731	82.116	0.872
土壤	1.105	0.649	0.945	151.216	61.741	0.820

（二）Ni 的解吸动力学

底泥和土壤对 Ni 的解吸动力学曲线如图 4-12 所示。从图 4-12 可见，Ni 在底泥和土壤上的解吸过程经历了快速解吸阶段和慢速解吸平衡阶段。在

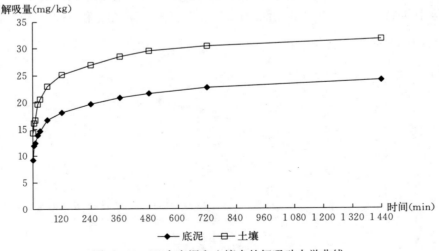

图 4-12　Ni 在底泥和土壤中的解吸动力学曲线

0～120 min，重金属 Ni 在底泥和土壤上的解吸速度较快，底泥和土壤对 Ni 的解吸量分别为 18.08 mg/kg 和 25.14 mg/kg，分别占解吸完成量的 75.21％和 79.51％；在 120～1 440 min 内解吸速度变慢，解吸量变化逐渐趋于平稳，最终达到解吸平衡状态。解吸达到平衡时，对 Ni 的解吸量分别为 24.04 mg/kg 和 31.62 mg/kg。

Ni 在底泥和土壤上的解吸动力学方程分别用 Elovich 方程和抛物线扩散方程进行数据拟合，拟合参数如表 4-7 所示。从表 4-7 中可见，Elovich 方程对底泥和土壤的拟合相关系数 r 达到 0.986 和 0.974，而抛物线扩散方程拟合效果相对较差，其相关系数 r 仅为 0.845 和 0.817，解吸过程更适合用 Elovich 方程描述。

表 4-7 底泥和土壤对 Ni 解吸动力学拟合的相关参数

样品类型	Elovich 方程			抛物线扩散方程			
	a	b	r	a	b	s	r
底泥	8.138	2.134	0.986	2.768	0.088	4.372	0.845
土壤	12.246	2.677	0.974	5.634	0.157	3.065	0.817

（三）Ni 的解吸热力学

不同温度底泥和土壤对 Ni 的解吸等温线如图 4-13、图 4-14 所示。从图 4-13 和图 4-14 中可见，Ni 解吸量随温度的升高逐渐增大，在 15 ℃、25 ℃、35 ℃时，底泥对 Ni 的最大解吸量分别为 110.16 mg/kg、121.34 mg/kg 和 173.74 mg/kg，土壤的最大解吸量分别为 114.82 mg/kg、129.78 mg/kg 和

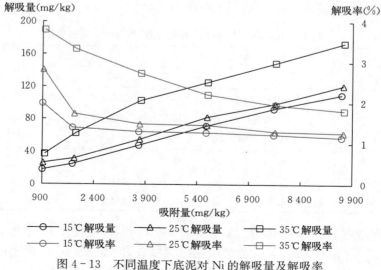

图 4-13 不同温度下底泥对 Ni 的解吸量及解吸率

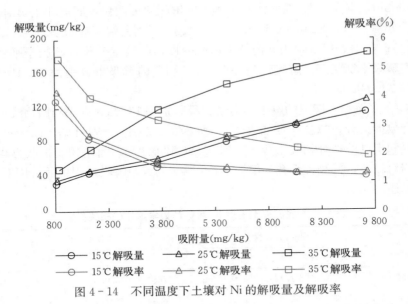

图 4-14　不同温度下土壤对 Ni 的解吸量及解吸率

183.98 mg/kg。由此可以推断出当夏季温度较高时，吸附在底泥和土壤中的
Ni 会更容易释放出来，从而迁移到水中，对水体造成二次污染。

　　Ni 在 15 ℃、25 ℃、35 ℃下的解吸热力学方程拟合结果及热力学参数见
表 4-8 所示。从表 4-8 可见，Freundlich 方程能够很好地拟合 Ni 的解吸等
温过程，相关系数 r 为 0.942～0.979。Freundlich 方程中参数 K_f 值表示解吸
能力的强弱，由表中数据可知，底泥和土壤均随温度的升高解吸量逐渐增大，
且温度越高，底泥和土壤对 Ni 的解吸能力越强。

表 4-8　不同温度下底泥和土壤对 Ni 等温解吸拟合参数

样品类型	温度（℃）	Freundlich 方程			D-R 方程		
		K_f	n	r	q_m	k	r
底泥	15	0.089	0.424	0.979	242.998	145.427	0.959
	25	0.721	0.572	0.942	197.731	82.116	0.872
	35	13.718	1.161	0.951	179.358	22.218	0.864
土壤	15	0.648	0.604	0.976	151.480	83.083	0.897
	25	1.105	0.649	0.945	151.216	61.741	0.820
	35	6.103	0.878	0.978	235.300	50.286	0.873

　　不同温度下 Ni 解吸热力学参数如表 4-9 所示。从表 4-9 中可见，随着
温度越高，底泥和土壤对 Ni 的解吸热力学参数 ΔG 越来越小，说明高温有利
于解吸的发生。从 ΔH 为＞0 可以看出解吸反应是吸热反应，因此，高温有利

于底泥和土壤对 Ni 的解吸。

表 4-9 不同温度下 Ni 在底泥和土壤中解吸的热力学参数

样品类型	温度（℃）	ΔG（kJ/mol）	ΔH（kJ/mol）	ΔS [kJ/(mol·K)]
底泥	15	6.306		
	25	0.086	185.535	0.622
	35	−6.134		
土壤	15	1.582		
	25	−1.218	82.264	0.280
	35	−4.018		

（四）不同有机质含量对 Ni 的解吸量的影响

去除有机质前后底泥和土壤对 Ni 解吸量的变化如图 4-15 和图 4-16 所示。从图 4-15 和图 4-16 可见，底泥和土壤对 Ni 的最大解吸量分别为 124.74 mg/kg 和 127.78 mg/kg，而去除有机质后底泥和土壤对 Ni 的解吸量分别为 200.50 mg/kg 和 247.82 mg/kg，解吸量是未去除有机质前的 1.61 倍和 1.94 倍。有机质是影响吸附、解吸的重要因素，有机质的存在可以增加底泥和土壤对 Ni 的固持能力，有机质含量越高对 Ni 的固持能力越强，被吸附的 Ni 越不容易被解吸下来。去除有机质前产生这种现象的原因可能是由于有机质具有羧基、酚羟基等多种官能团，是络合吸附重金属离子的主要胶体，可以降低重金属的活性，增强底泥和土壤对 Ni 的吸附而且不容易被解吸下来（李详平等，2012）。

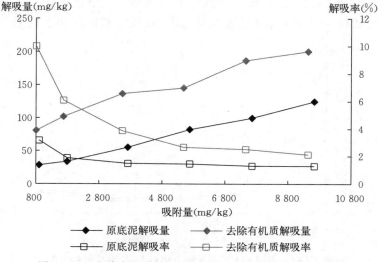

图 4-15 去除有机质前后 Ni 在底泥中的解吸量及解吸率

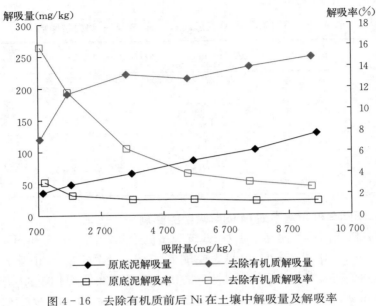

图 4 - 16　去除有机质前后 Ni 在土壤中解吸量及解吸率

（五）背景液不同 pH 对 Ni 解吸量的影响

背景液不同 pH 对底泥和土壤 Ni 的解吸量的影响，如图 4 - 17 所示。从图 4 - 17 可见，随着 pH 的升高，Ni 的解吸量逐渐减小，并且随着解吸量的降低其下降幅度也逐渐减小。当 pH 从 3 变化为 5 时，解吸量急剧下降，分别从 207.00 mg/kg 和 245.28 mg/kg 分别下降到 76.66 mg/kg 和 77.98 mg/kg，下降了 62.97% 和 68.21%；pH>5 时 Ni 的解吸量变化逐渐趋于平稳。产生这种现象的原因，一方面，pH 的变化导致了 Ni 离子对底泥和土壤的亲和力减

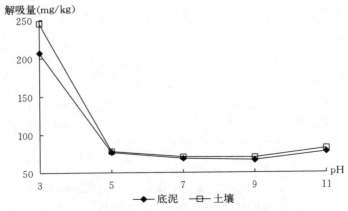

图 4 - 17　不同 pH 下底泥和土壤对 Ni 的解吸量的影响

小；另一方面，pH 的变化导致了 Ni 离子形态的改变，使其的水解作用增强，金属离子水解态表面结合的溶剂化能比水合离子态低，导致解吸量减少（Qin F，2004）。

（六）背景液 N、P 含量对 Ni 解吸量的影响

不同 N、P 含量下重金属 Ni 在底泥和土壤上解吸量的变化如图 4-18 和图 4-19 所示。从图 4-18 和图 4-19 可见，N、P 的存在均不利于底泥和土壤对 Ni 的解吸。当 N 的含量为 1 mg/L、5 mg/L、10 mg/L 时，底泥和土壤对 Ni 解吸量比未添加 N 时分别下降了 2.04%、9.39%、10.06% 和 13.77%、15.36%、22.04%；当 P 的含量分别为 0.5 mg/L、3 mg/L、5 mg/L 时，底泥和土壤对 Ni 的解吸量比未添加 P 时分别降低了 12.90%、14.83%、17.55% 和 0.11%、5.79%、5.90%。

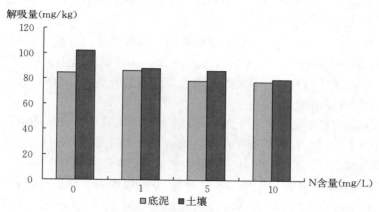

图 4-18　不同 N 含量下底泥和土壤对 Ni 解吸量的影响

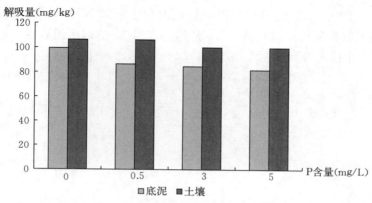

图 4-19　不同 P 含量下底泥和土壤对 Ni 解吸量的影响

第四节 结 论

本研究以长春市新立城水库中底泥和周边土壤为研究对象，探究了底泥和土壤对重金属 Ni 吸附解吸特性的影响。研究结果如下。

（1）底泥和土壤对 Ni 的平衡吸附量分别为 9 642.88 mg/kg 和 9 585.84 mg/kg，吸附等温线属于 S 形曲线，用 Freundlich 方程拟合效果较好，相关系数 r 为 0.989 1 和 0.996 3，Ni 的解吸量分别占吸附量的 1.26% 和 1.35%，底泥和土壤对 Ni 的吸附能力较强，且吸附后不易被解吸。

（2）Ni 在底泥和岸边黑土中的吸附（解吸）动力学过程包括快速吸附（解吸）、慢速平衡吸附（解吸）阶段，Elovich 方程能够较好地拟合 Ni 在底泥和黑土中的吸附（解吸）过程，吸附相关系数 r 为 0.982 7 和 0.989 5，解吸相关系数 r 为 0.986 和 0.974。

（3）在 15 ℃、25 ℃、35 ℃ 温度范围内，随着温度的升高，底泥和土壤对 Ni 的吸附量均逐渐增大，吸附热力学参数 $\Delta G < 0$，说明高温有利于吸附的自发进行。随着温度的升高解吸量逐渐增大，温度的升高同样有利于 Ni 的解吸，ΔG 随温度的升高逐渐减小。

（4）去除有机质后底泥和土壤对 Ni 的吸附量均减小，有机质的存在对 Ni 的吸附有促进作用，有机质的存在可以增强底泥和土壤对 Ni 的固持能力，不易被解吸出来。

（5）pH 在 3~11 时，随着 pH 的升高 Ni 的吸附量呈现先升高后降低的趋势，拐点在 pH 为 7 和 pH 为 9 时。底泥和土壤对 Ni 的解吸均呈现出先降低后趋于平缓的趋势，pH 在 3~5 时，解吸量下降最快，底泥和土壤对 Ni 的解吸量分别降低了 62.97% 和 68.21%。

（6）溶液中 N、P 的添加可以抑制底泥和土壤对 Ni 的吸附，随着 N、P 浓度的增大其抑制作用就越强。N、P 的存在对 Ni 的解吸过程也存在抑制作用，且随着浓度的升高抑制作用越弱。

第五章

湖库底泥和土壤对重金属铅吸附、解吸特性的研究

第一节　铅的危害及研究现状

一、铅的性质及危害

（一）铅的性质

铅（Pb）是一种金属化学元素，是一种耐蚀的重有色金属材料。铅具有熔点低、耐蚀性高、X射线和Y射线等不易穿透、塑性好等优点，被广泛使用（《中国冶金百科全书》总编辑委员会《金属材料》卷编辑委员会，2001）。铅是人类较早提炼出来的金属之一，早在公元前3 000年左右就被人类发现并应用。铅的化合物种类很多，具有工业价值的主要化合物有硫化铅、一氧化铅、硫酸铅及二氯化铅、四氯化铅（《环境科学大辞典》编辑委员会，1991；马世昌，1999）。

（二）铅对人体的危害

铅属于三大重金属污染物之一，是一种严重危害人体健康的重金属元素，人体中理想的含铅量为零。铅中毒是蓄积性的中毒，只有当人体中铅含量达到一定程度时，才会引发身体的不适，多通过摄取食物、饮用自来水等方式把铅带入人体，神经衰弱是铅中毒较常见的早期症状之一，表现为头昏、头痛、全身无力、记忆力减退等。铅对婴幼儿损伤非常大，婴幼儿吸收铅后，将有超过30%保留在体内，影响婴幼儿的生长和智力发育（阮涌等，2012）。铅污染毒性持久，半衰期长达10年之久，且不易被人体排出（任力洁等，2016；林振波等，2014）。

二、铅污染的现状

（一）直接污染

食品在生产过程中直接接触铅，或者由于生产工艺的原因直接加入含铅的

原料，均会导致铅污染。现在存在较为普遍的现象便是含铅罐头食品、皮蛋及爆米花等食品的生产。2001—2008 年监测的 16 大类 2 766 份食品铅超标率为 5.42%，虽然总体污染不算严重，但皮蛋等食品中铅含量较高；2009—2010 年对广东省食品中铅、镉污染情况进行检测，结果显示食品中受铅污染的食品主要是海带、紫菜、皮蛋，其超标率分别是 20%、30%、28%。

（二）间接污染

随着现代工业的发展，工业"三废"的排放，使得有毒重金属铅通过各种途径进入生态系统。有资料表明，早在 1997 年我国铅污染面积已达 20 km²，占全国耕地总面积的 20% 左右。2014 年全国土壤污染状况调查公报显示，我国耕地土壤点位超标率达 19.4%，主要污染物镉（Cd）、砷（As）和铅（Pb）的点位超标率分别达到了 7.0%、2.7% 和 1.5%。Cd、As 和 Pb 被美国环保署列为优先控制污染物，会通过食物链威胁人体和生态健康。道路交通是导致路侧土壤和植物重金属污染的重要来源，也是周边农田土壤的污染源之一（阳小成等，2018；吴迪等，2019）。机动车尾气的排放、轮胎与路面间磨损、刹车等车辆零部件磨损后产生的重金属粉尘及道路扬尘会经自然沉降进入土壤或直接被植物吸收，使得路侧土壤及植物中重金属含量高于远离道路的区域，其中道路扬尘贡献较大（胡月琪等，2019；吴珊珊等，2019）。有研究表明，距离道路 0～30 m 内土壤 Cd 和 Pb 含量随距离路侧距离增加呈指数下降趋势，30 m 外趋于平稳（王冠星等，2014）；此外，路侧植物叶片的 Pb 含量受距离道路远近及车流量影响（李晶等，2019）。

三、铅在土壤和底泥中吸附、解吸的研究现状

目前，对于 Pb 在底泥和土壤中的吸附行为有了较多研究。例如，林振波（2014）等研究湘江衡阳段底泥吸附 Pb^{2+} 和 Cd^{2+}，发现底泥对铅的吸附是以物理吸附为主，且是自发、吸热及熵增的过程；王莹（2011）等对次级河流底泥 Pb 的吸附、解吸及其环境风险评估的研究发现，Langmuir 方程和 Freundlich 方程可以描述底泥对 Pb 的等温吸附行为，Elovich 方程和双常数方程更适合描述底泥对 Pb 吸附动力学的行为；杨欣（2010）等的研究表明不同类型的土壤对 Pb、Cd 的吸附有很大的差异；胡宁静（2010）等对长江三角洲地区典型土壤对铅的吸附研究表明，其吸附与有机质、pH 和温度有很大的关系；任子航（2014）研究了西辽河不同粒级沉积物对重金属铅的富集特征，研究结果表明，黏粒和粉粒级沉积物对重金属 Pb 属于低度富集，粗砂和细砂级沉积物对重金属 Pb 没有富集作用。

第二节　底泥和土壤对重金属铅吸附特性研究

一、试验材料

（一）试验样品

底泥样品：同第二章试验中的底泥 A；土壤样品：同第二章试验中的土壤 C。

（二）试验药品

硝酸铅、氢氧化钠、硝酸等，以上试剂均为分析纯，购自北京化工厂。

（三）试验仪器

TAS-990 火焰原子吸收分光光度计（北京普析通用仪器有限责任公司）、TDL-40B 低速台式离心机（上海安亭科学仪器厂）、水浴恒温振荡器（金坛市瑞华仪器有限公司）。

二、试验方案

（一）Pb 的吸附等温试验

参照 OECD guideline 106 平衡吸附试验方法进行。取（1.000 0±0.000 5）g 供试样品于 50 mL 聚乙烯离心管中，按水土比 20∶1 加入 20 mL 不同浓度 Pb 溶液，使 Pb 的浓度分别为 50 mg/L、100 mg/L、200 mg/L、300 mg/L、400 mg/L、500 mg/L，在 25 ℃下恒温振荡至吸附平衡，于 4 000 r/min 下离心 10 min，过滤，测定上清液中 Pb 浓度。

（二）Pb 的吸附动力学试验

取（1.000 0±0.000 5）g 供试样品于 50 mL 聚乙烯离心管中，加入 200 mg/L 的 Pb 溶液 20 mL，于 25 ℃下恒温振荡，分别振荡 1 min、5 min、10 min、20 min、30 min、60 min、120 min、240 min、360 min、480 min、720 min、1 440 min，于 4 000 r/min 离心 10 min，过滤，测定上清液中 Pb 浓度。

（三）Pb 的吸附热力学试验

将初始浓度为 50 mg/L、100 mg/L、200 mg/L、300 mg/L、400 mg/L、500 mg/L 的 Pb 溶液，分别置于 15 ℃、25 ℃和 35 ℃条件下振荡至吸附平衡，于 4 000 r/min 离心 10 min，过滤，测定上清液中 Pb 浓度。

（四）不同影响因素对 Pb 吸附行为的影响

1. 有机质含量对 Pb 吸附行为的影响　分别取（1.000 0±0.000 5）g 供试样品和去有机质样品于 50 mL 聚乙烯离心管中，按水土比 20∶1 加入 20 mL 不同浓度 Pb 溶液，使 Pb 的浓度分别为 50 mg/L、100 mg/L、200 mg/L、

300 mg/L、400 mg/L、500 mg/L，在 25 ℃下恒温振荡至吸附平衡，于 4 000 r/min 下离心 10 min，过滤，测定上清液中 Pb 浓度。

2. 背景液不同 pH 对 Pb 吸附行为的影响 用 1 mol/L HCl 溶液和 1 mol/L NaOH 溶液调节背景液 pH，使溶液 pH 分别 3、5、7、9、11，参照 Pb 的吸附等温试验的试验方法进行试验，测定 Pb 的浓度，研究不同 pH 对 Pb 吸附过程的影响。

3. 背景液 N、P 含量对 Pb 吸附行为的影响 在溶液中添加含 N 溶液（由 KNO_3 配制），使得溶液中 N 的含量分别为 0 mg/L、1 mg/L、5 mg/L、10 mg/L；含 P 溶液（由 KH_2PO_4 配制），使得溶液中 P 的含量分别为 0 mg/L、0.5 mg/L、3 mg/L、5 mg/L，参照 Pb 的吸附等温试验的试验方法，对试验进行重复操作，研究添加 N、P 对 Pb 吸附量的影响。

三、结果与分析

（一）Pb 的吸附等温线

底泥和土壤对 Pb 的吸附等温线如图 5-1 和图 5-2 所示。从图 5-1 和图 5-2 可见，底泥和土壤对 Pb 的吸附量均随溶液中 Pb 浓度的增加而增大。在溶液中 Pb 的浓度较低时，底泥和土壤对 Pb 的吸附量随外源 Pb 浓度的增加，变化幅度较大，即等温线的斜率较大；当外源 Pb 的浓度增加到某一限值时，Pb 的吸附量变化幅度变小，即等温线的斜率较小。研究表明，根据离原点最近曲线的斜率变化，将吸附等温线分为 4 类，即 S 形、L 形、H 形、C 形曲线（陈田等，2010）。从图中可见，底泥和土壤对 Pb 的吸附等温线均属于 L 形，属于单分子层吸附，底泥和土壤中存在一定数量对 Pb 吸附的吸附位点（彭达强，2012）。底泥和土壤对 Pb 的平衡吸附浓度分别为 62.91 mg/L 和

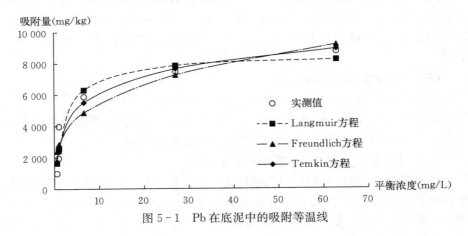

图 5-1 Pb 在底泥中的吸附等温线

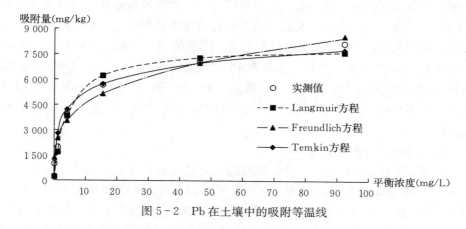

图 5-2 Pb 在土壤中的吸附等温线

92.25 mg/L，平衡吸附量分别为 8 747.6 mg/kg 和 8 155 mg/kg。

研究表明，污染物在土壤中的吸附行为可以通过不同的吸附等温方程来进行描述。本试验则采用 Langmuir 方程、Freundlich 方程和 Temkin 方程对 Pb 在底泥和土壤中的吸附行为进行数据拟合，以此来描述 Pb 在土壤中的吸附机理。拟合参数如表 5-1 所示。从表 5-1 可见，Pb 在底泥中的吸附过程用 Langmuir 方程和 Temkin 方程拟合后，相关系数 r 均大于 0.91，说明 Pb 在底泥中的吸附过程用 Langmuir 方程和 Temkin 方程描述更符合实际情况。Pb 在土壤中的吸附过程用 Langmuir 方程、Freundlich 方程和 Temkin 方程拟合后，其相关系数 r 均大于 0.95，说明 3 种方程对 Pb 在土壤中的吸附拟合效果均较好。由 Langmuir 方程可知，底泥和土壤对 Pb 的最大吸附量分别为 8 515.407 mg/kg 和 7 977.486 mg/kg，说明底泥和土壤对 Pb 具有较强的吸附能力。研究表明，K_L 值的大小可以反映该吸附反应的自发程度，K_L 值越大，说明反应的自发程度越强，吸附后生成物质越稳定（于颖等，2003）。在底泥和土壤对 Pb 的吸附过程中，K_L 值均为正值，说明吸附反应是在常温下能够自发地进行，并且底泥对 Pb 的吸附能力更强。土壤对 Pb 的吸附用 Freundlich 方程相关系数 r 达到 0.971，说明 Pb 在土壤中的吸附过程用 Freundlich 方程

表 5-1 底泥和土壤对 Pb 等温吸附拟合参数

土壤类型	Langmuir 方程			Freundlich 方程			Temkin 方程		
	K_L (mg/L)	Q_m (mg/kg)	r	K_f	n	r	A	B	r
底泥	0.432	8 515.407	0.916	2 844.493	3.532	0.861	2 648.77	1 510.815	0.925
土壤	0.232	7 977.486	0.959	2 421.645	3.613	0.971	2 645.094	1 131.849	0.956

描述更符合实际情况。这说明，土壤中吸附点位类型较为复杂，可能含有多种吸附点位，每一个点位都有其相应的吸附自由能和总剩余度。其 n 值可以表示吸附强度的大小，n 值越高吸附强度越大。一般认为 n 的取值范围在 2～10 时容易吸附，$n<0.5$ 难以吸附。土壤对 Pb 的吸附 n 值为 3.613，大于 1，表明土壤对 Pb 的吸附过程是非线性的。底泥对 Pb 的吸附过程用 Temkin 方程拟合后的相关系数更高，说明底泥对 Pb 的吸附属于化学吸附，化学吸附占主导地位。

（二）Pb 的吸附动力学

底泥和土壤对 Pb 的吸附量随时间的变化情况如图 5-3 所示。从图 5-3 中可见，Pb 吸附过程可以分为 2 个阶段，即快速吸附和慢速平衡阶段。底泥对 Pb 的吸附在 0～120 min 内属于快速反应阶段，Pb 的吸附量占吸附总量的 99.16%；在 120～1 440 min 内属于慢速平衡阶段。Pb 在土壤中的快速反应阶段是在 0～60 min 内，Pb 的吸附量可占吸附总量的 96.83%；60～1 440 min 属于慢速平衡阶段。由此可知，Pb 在底泥和土壤中的吸附平衡时间为 24 h。产生这种现象的原因主要是由于在反应的开始阶段，土壤表面的吸附点位较多，可以对 Pb 有很好的吸附，随着反应时间的增加，土壤中的吸附点位被占据的越来越多，剩余点位减少，反应速率减小，直至吸附达到饱和状态。研究表明，Pb 在底泥和土壤吸附中可能形成复合体，可以使土壤表面吸附的 Pb 扩散到土壤颗粒内部，使其在土壤表面产生沉淀；而表面沉淀的产生等因素使得土壤对 Pb 的吸附量越来越小，最后趋于平衡（胡宁静等，2010）。

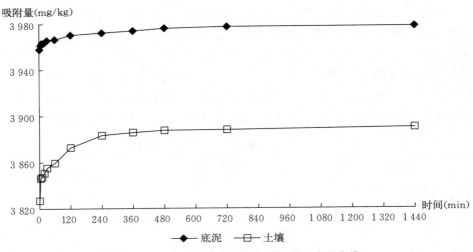

图 5-3　Pb 在底泥和土壤中的吸附动力学曲线

本试验采用 Elovich 方程和抛物线扩散方程对 Pb 在底泥和土壤中的吸附动力学进行数据拟合，拟合的相关参数如表 5-2 所示。从表 5-2 可见，Elovich 方程对 Pb 在底泥和土壤中的吸附动力学拟合效果较好，用 Elovich 方程描述 Pb 的吸附过程，可以明确表达 Pb 在颗粒内的扩散机制，其 r 分别为 0.971 和 0.965，而抛物线扩散方程对它们的拟合性相对来说较差，r 分别为 0.825 和 0.723。说明用 Elovich 方程描述底泥和土壤对 Pb 的吸附过程比较合适。另外，抛物线方程拟合中，用吸附量与时间作图，所做直线均没有经过坐标原点；由此可见，颗粒内扩散并不是控制吸附过程的唯一因素，吸附过程还受其他吸附作用的共同控制（王金贵，2011）。

表 5-2　底泥和土壤对 Pb 吸附动力学拟合的相关参数

样品类型	Elovich 方程			抛物线扩散方程			
	a	b	r	a	b	s	r
底泥	3 956.308	2.981	0.971 1**	77.415	0.011	51.177	0.825 1**
土壤	3 826.687	9.376	0.965 6**	96.471	0.041	39.859	0.723 4**

注：** 表示差异极显著。

（三）Pb 的吸附热力学

底泥和土壤对 Pb 吸附量随温度变化如图 5-4、图 5-5 所示。从图 5-4 和图 5-5 可见，底泥和土壤对 Pb 的吸附量均随温度的升高而逐渐增大，在 15 ℃、25 ℃、35 ℃下的最终吸附量分别为 7 981.32 mg/kg、8 515.41 mg/kg、8 600.42 mg/kg 和 7 835.20 mg/kg、7 977.49 mg/kg、8 174.76 mg/kg，可见温度越高，Pb 的吸附能力越强，Pb 的吸附反应为吸热反应。

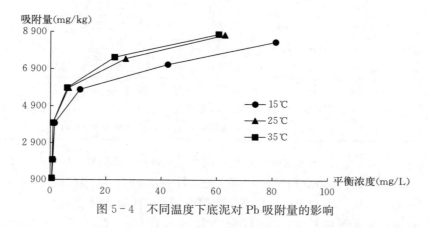

图 5-4　不同温度下底泥对 Pb 吸附量的影响

Pb 在 15 ℃、25 ℃、35 ℃下的吸附热力学方程拟合结果由表 5-3 所示。

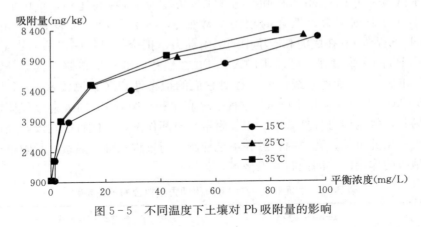

图 5-5　不同温度下土壤对 Pb 吸附量的影响

从表 5-3 中可见，3 个拟合方程的相关系数均大于 0.900，说明底泥和土壤对 Pb 吸附热力学均可以用 Freundlich 方程、Langmuir 方程和 Temkin 方程进行拟合。Freundlich 方程中参数 K_f 值表示了吸附能力的强弱，n 反映了吸附量随浓度增长的强度大小。K_f（底泥 15 ℃）$<K_f$（底泥 25 ℃）$<K_f$（底泥 35 ℃），K_f（土壤 15 ℃）$<K_f$（土壤 25 ℃）$<K_f$（土壤 35 ℃），底泥和土壤对 Pb 的吸附量均随温度的升高逐渐增大；说明温度越高，底泥和土壤对 Pb 的吸附能力越强，可以确定吸附反应为吸热反应。

表 5-3　Pb 在底泥和土壤中等温吸附拟合参数

样品类型	温度 (℃)	Langmuir 方程			Freundlich 方程			Temkin 方程		
		Q_m (mg/kg)	K_L (mg/L)	r	K_f	$1/n$	r	A	B	r
底泥	15	7 981.316	0.377	0.934	2 551.997	0.278	0.885	2 257.748	1 395.366	0.948
	25	8 515.407	0.432	0.916	2 844.493	0.283	0.861	2 648.770	1 510.815	0.925
	35	8 600.419	0.461	0.929	2 943.987	0.281	0.861	2 766.603	1 532.486	0.936
土壤	15	7 835.203	0.132	0.936	1 625.762	0.349	0.953	862.797	1 473.331	0.969
	25	7 977.486	0.232	0.959	2 421.645	0.277	0.971	2 645.094	1 131.849	0.956
	35	8 174.756	0.232	0.950	2 485.643	0.281	0.979	3 011.610	1 058.543	0.914

根据不同温度下 Freundlich 方程中的 K_f，通过 $\ln K_f$ 和 $1/T$ 所作直线中的斜率和截距来计算焓变和熵变，通过公式计算出 ΔG，结果如表 5-4 所示。从表 5-4 中可见，不同温度下的 ΔG 值均小于 0，且随着温度的升高，ΔG 越来越小。Pb 在底泥和土壤上的 ΔG 分别为 -18.794、-19.656、-21.494 和 -17.851、-19.019、-20.188；说明吸附过程是自发的，且高温有利于吸附

的自发性。

表 5 - 4 Pb 在底泥和土壤中的吸附热力学参数

样品类型	温度（℃）	ΔG（kJ/mol）	ΔH（kJ/mol）	ΔS [kJ/(mol·K)]
底泥	15	-18.794		
	25	-19.656	5.303	0.084
	35	-21.494		
土壤	15	-17.851		
	25	-19.019	15.818	0.117
	35	-20.188		

（四）不同有机质含量对 Pb 的吸附量的影响

有机质不仅是土壤的重要组成部分，而且在土壤肥力和环境保护方面有重要作用。有机质是土壤中可变电荷的主要组分，于天仁等（1996）指出，腐殖质含有大量的负电荷对土壤表面负电荷量有重要贡献。去除有机质前后底泥和土壤对 Pb 吸附量的变化如图 5-6 和图 5-7 所示。从图 5-6 和图 5-7 可见，去除有机质后底泥和土壤对重金属 Pb 的吸附量均减小，当初始溶液中 Pb 添加浓度最大为 500 mg/L 时，去除有机质前后底泥对 Pb 的吸附量分别为 8 747.60 mg/kg 和 8 626.00 mg/kg，吸附量下降了 1.39%，土壤对 Pb 的吸附量分别为 8 155.00 mg/kg 和 8 067.60 mg/kg，吸附量下降了 1.07%。

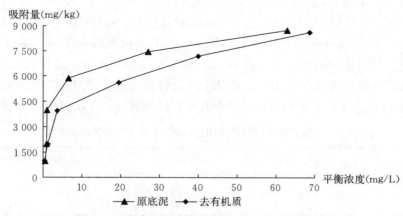

图 5-6 去除有机质前后底泥对 Pb 的吸附等温线

在试验中依照贡献率的计算公式，得出底泥和土壤中有机质对 Pb 吸附的贡献率分别为 1.41% 和 1.08%，这与土壤和底泥本身有机质含量是有关的。产生上述现象的主要原因是，有机质进入底泥和土壤后通过微生物的作用形成

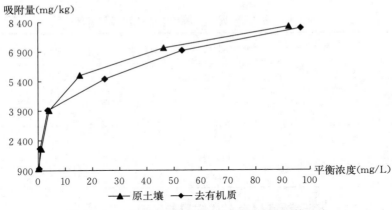

图 5-7　去除有机质前后土壤对 Pb 的吸附等温线

腐殖质，腐殖质含有羧基、酚羟基和醇羟基等，这些基团容易和重金属元素发生络合反应或螯合反应，从而形成稳定的化合物，进而增加其吸附能力；而且，底泥和土壤有机质中的极性基团，如羟基、羧基等可以使底泥和土壤表面带有大量的负电荷，从而增强了对 Pb 的静电吸附（李祥平等，2012）。

　　去除有机质前后底泥和土壤对 Pb 的等温吸附线用 Freundlich 方程、Langmuir 方程和 Temkin 方程进行数据拟合，拟合结果如表 5-5 所示。从表 5-5 中可见，Temkin 方程对 Pb 的拟合有更好的相关系数，去除有机质前后底泥和土壤对 Pb 的相关系数 r 分别为 0.925、0.973 和 0.956、0.983，说明 Temkin 方程更适合用于描述去除有机质前后 Pb 在底泥和土壤中的吸附等温线。根据 Langmuir 方程拟合数据可知，去除有机质后底泥和土壤对 Pb 的理论最大吸附量分别为 8 242.43 mg/kg 和 7 337.79 mg/kg，这也与底泥和土壤本身的有机质含量是一致的。由 K_f 可以看出去除有机质后底泥和土壤对 Pb 的吸附能力下降，说明有机质的存在可以增强底泥和土壤对 Pb 的吸附。

表 5-5　去除有机质前后底泥和土壤对 Pb 等温吸附方程拟合参数

样品类型	Freundlich 方程			Langmuir 方程			Temkin 方程		
	K_f	n	r	K_L (mg/L)	Q_m (mg/kg)	r	A	B	r
原底泥	2 844.493	3.532	0.861	0.432	8 515.407	0.916	2 648.770	1 510.815	0.925
去除有机质底泥	2 071.284	2.952	0.975	0.218	8 242.432	0.937	1 970.738	1 438.777	0.973
原土壤	2 421.645	3.613	0.971	0.232	7 977.486	0.959	2 645.094	1 131.849	0.956
去除有机质土壤	2 263.216	3.558	0.967	0.350	7 337.791	0.923	2 281.001	1 183.447	0.983

（五）背景液不同 pH 下底泥和土壤对 Pb 吸附量的影响

背景液不同 pH 下底泥和土壤对 Pb 吸附量的变化曲线如图 5-8 所示。从图 5-8 可见，当 pH 为 3、5、7、9、11 时，底泥和土壤对 Pb 的吸附量随 pH 的升高呈现先增大后趋于平缓的趋势；pH＝5 是拐点，在 pH＜5 时，随着 pH 增加吸附量明显增加，但当 pH＞5 时，其增加幅度减小，且趋于稳定。这是因为 pH 可以引起重金属离子形态的改变、溶解有机质和控制固体颗粒物的表面水解反应等，对 Pb 的吸附产生影响。当 pH＝3 时，溶液中含有大量的 H^+，H^+ 占据了吸附剂表面基团的吸附点位，与 Pb 产生了竞争吸附，对 Pb 与吸附剂的结合产生了抑制作用；所以，在 pH 较低时 Pb 的吸附效果较差（陈苏等，2007）。随着 pH 的升高，OH^- 逐渐增多，降低了 H^+ 的浓度，使吸附剂表面暴露出更多带负电荷的活性基团，减缓了 H^+ 与 Pb 的竞争吸附，使 Pb 与吸附剂表面的活性基团进行吸附。同时 pH 较高时，会改变金属离子在溶液中的溶解特性，金属离子的水解产物水合作用降低，吸附所需的能量没有水合离子吸附所需的能量高（薛红喜，2007）。Pb 离子可能在土壤固体表面或底泥颗粒表面发生表面沉淀作用，致使吸附量增大。当 pH＝5 时，Pb 的吸附量不再增加可能是由于土壤表面的吸附点位总量是有限的，与 OH^- 所形成的配位基配位，形成氢氧化物沉淀；因此，当 pH 继续增大时，Pb 的吸附量基本不再发生变化（王未平等，2012）。

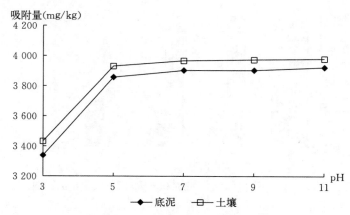

图 5-8　不同初始 pH 下底泥和土壤对 Pb 吸附量的影响

（六）背景液不同 N、P 含量对 Pb 吸附量的影响

不同 N、P 含量对 Pb 在底泥和土壤中吸附量影响，如图 5-9 和图 5-10 所示。从图 5-9 和图 5-10 可见，不同浓度的 N 和 P 均会对 Pb 在底泥和土壤上的吸附产生一定的抑制作用；且随着 N 和 P 含量的增大，底泥和土壤对 Pb 的吸附量逐渐减小。当 N 的含量分别为 1 mg/L、5 mg/L、10 mg/L 时，底泥对

Pb 吸附量比未添加 N 时分别降低了 0.10%、1.01% 和 1.02%；土壤对 Pb 的吸附量分别降低了 1.23%、1.75% 和 2.07%。当 P 的含量分别为 0.5 mg/L、3 mg/L、5 mg/L 时，底泥对 Pb 的吸附量比未添加 P 时分别降低了 0.54%、1.46% 和 1.58%；土壤对 Pb 的吸附量分别降低了 0.39%、0.53% 和 1.10%。

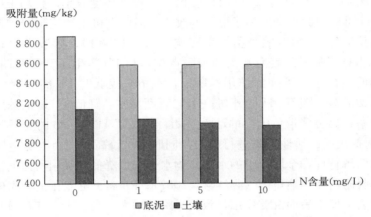

图 5-9　不同 N 含量下底泥和土壤对 Pb 吸附量的影响

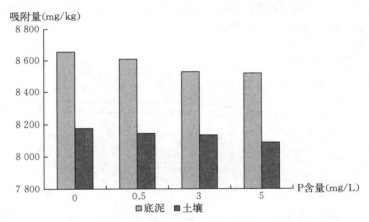

图 5-10　不同 P 含量下底泥和土壤对 Pb 吸附量的影响

第三节　底泥和土壤对重金属铅解吸特性研究

一、试验方案

（一）Pb 的解吸等温试验

取（1.000 0±0.000 5）g 供试样品于 50 mL 聚乙烯离心管中，加入 20 mL 不同浓度 Pb 溶液，使 Pb 的浓度分别为 50 mg/L、100 mg/L、200 mg/L、

300 mg/L、400 mg/L、500 mg/L，在 25 ℃下恒温振荡至平衡，于 4 000 r/min 下离心 10 min，将上清液弃去，加入 20 mL 去离子水，于 25 ℃下恒温振荡至解吸平衡，于 4 000 r/min 下离心 10 min，过滤，测定上清液中 Pb 浓度。

（二）Pb 的解吸动力学试验

取（1.000 0±0.000 5）g 供试样品于 50 mL 聚乙烯离心管中，分别加入 200 mg/L 的 Pb 溶液 20 mL 于 25 ℃下恒温振荡 24 h，于 4 000 r/min 离心 10 min，将上清液弃去，加入 20 mL 去离子水，于 25 ℃下恒温振荡，振荡时间分别为 1 min、5 min、10 min、20 min、30 min、60 min、120 min、240 min、360 min、480 min、720 min、1 440 min，于 4 000 r/min 离心 10 min，过滤，测定上清液中 Pb 浓度。

（三）Pb 的解吸热力学试验

参照 Pb 的解吸等温试验的试验方法，将初始 Pb 浓度为 50 mg/L、100 mg/L、200 mg/L、300 mg/L、400 mg/L、500 mg/L，分别置于 15 ℃、25 ℃、35 ℃条件下振荡至吸附平衡，于 4 000 r/min 离心 10 min，将上清液弃去，加入 20 mL 去离子水，于 25 ℃下恒温振荡至平衡，于 4 000 r/min 下离心 10 min，过滤，测定上清液中 Pb 浓度。

（四）不同影响因素对 Pb 解吸行为的影响

1. 不同有机质对 Pb 解吸行为的影响　分别称取（1.000 0±0.000 5）g 供试样品和去有机质样品于 50 mL 聚乙烯离心管中，加入 20 mL 不同浓度 Pb 溶液，使 Pb 的浓度分别为 50 mg/L、100 mg/L、200 mg/L、300 mg/L、400 mg/L、500 mg/L，25 ℃下恒温振荡至吸附平衡，于 4 000 r/min 下离心 10 min，将上清液弃去，加入 20 mL 去离子水于 25 ℃下恒温振荡至平衡，于 4 000 r/min 下离心 10 min，过滤，测定上清液中 Pb 浓度。

2. 背景液不同 pH 对 Pb 解吸行为的影响　按 Pb 的解吸等温试验进行至吸附平衡后，弃去上清液，分别加入 pH 为 3、5、7、9、11 的背景溶液，恒温振荡至解吸平衡，于 4 000 r/min 下离心 10 min，过滤，测定上清液中 Pb 浓度。

3. 背景液不同 N、P 含量对 Pb 解吸行为的影响　按 Pb 吸附平衡后，弃去上清液，加入 20 mL 含不同 N、P 含量的背景溶液使得溶液中 N、P 的含量分别为 0 mg/L、1 mg/L、5 mg/L、10 mg/L 和 0 mg/L、0.5 mg/L、3 mg/L、5 mg/L 的溶液 20 mL，25 ℃下恒温振荡至平衡，于 4 000 r/min 下离心 10 min，过滤，测定上清液中 Pb 浓度。

二、结果与分析

（一）Pb 的解吸等温线

Pb 在底泥和土壤上解吸等温线如图 5-11 所示。由图 5-11 可见，由 Pb

的吸附等温线可知，Pb 在底泥和土壤中的最终吸附量分别为 8 747.60 mg/kg 和 8 155.00 mg/kg，而最终解吸量仅分别为 65.10 mg/kg 和 70.96 mg/kg，解吸量占吸附量的 0.74% 和 0.87%，可见底泥和土壤对 Pb 的吸附能力较强，解吸能力较弱，且在底泥中的解吸量小于在土壤中的解吸量。

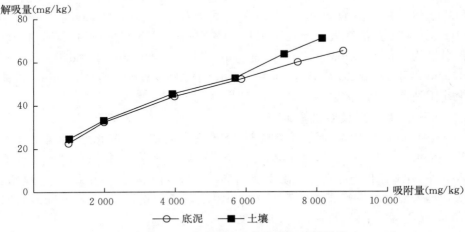

图 5-11　Pb 在底泥和土壤中的解吸等温线

本试验采用 Langmuir 方程、Freundlich 方程和 Temkin 方程对 Pb 的解吸行为进行数据拟合，拟合结果如表 5-6 所示。从表 5-6 可见，Freundlich 方程、Temkin 方程能够很好地拟合 Pb 在底泥和土壤中的解吸等温线，相关系数 r 达到 0.900 以上。由 Langmuir 方程中的 Q_m 可知，底泥和土壤对 Pb 的理论最大解吸量分别为 60.05 mg/kg、64.28 mg/kg，这与底泥和土壤本身对 Pb 的解吸量一致，即底泥的解吸量小于土壤的解吸量，Temkin 方程的拟合相关系数更好，说明用 Temkin 方程能够更好地描述 Pb 在底泥和土壤上的解吸等温线。

表 5-6　Pb 在底泥和土壤中的等温解吸拟合参数

样品类型	Langmuir 方程			Freundlich 方程			Temkin 方程		
	K_L（mg/L）	Q_m（mg/kg）	r	K_f	n	r	A	B	r
底泥	2.287	60.047	0.896	37.009	6.905	0.948	37.871	6.807	0.968
土壤	0.859	64.284	0.940	32.032	5.579	0.985	31.058	8.643	0.995

（二）Pb 的解吸动力学

底泥和土壤对 Pb 的解吸动力学曲线如图 5-12 所示。从图 5-12 可见，Pb 在底泥和土壤上的解吸过程经历了快速解吸阶段和慢速解吸平衡阶段。在

0～120 min，重金属 Pb 在底泥和土壤上的解吸速度较快，底泥和土壤对 Pb 的解吸量分别为 38.98 mg/kg 和 59.66 mg/kg，占最终解吸量的 79.29％ 和 73.13％；在 120～1 440 min，解吸速度变慢，解吸量变化逐渐趋于平稳，最终达到解吸平衡状态，此时底泥和土壤对 Pb 的解吸量分别为 49.16 mg/kg 和 81.58 mg/kg。产生上述这种现象的原因可能是：在解吸的开始阶段最先被解吸的是底泥和土壤对 Pb 非专性吸附的部分，此部分主要是金属离子在双电位层中以库伦作用力与吸附剂进行的结合，此部分比较容易解吸；而后会解吸专性吸附部分吸附的 Pb，此部分主要是吸附剂与金属离子形成螯合物，金属离子在吸附剂表面沉淀，金属原子吸附剂内层与活性原子结合，因此速率较慢（吴平霄等，2008）。

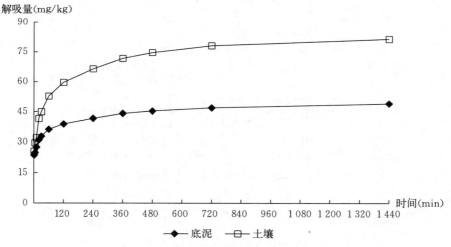

图 5-12　Pb 在底泥和土壤中的解吸动力学曲线

Pb 在底泥和土壤上的解吸动力学方程分别用 Elovich 方程和抛物线扩散方程进行数据拟合参数如表 5-7 所示。从表 5-7 中可见，Elovich 方程对底泥和土壤的拟合相关系数 r 达到 0.973 和 0.967，而抛物线扩散方程拟合效果相对较差，其相关系数 r 仅为 0.823 和 0.820，解吸过程更适合用 Elovich 方程描述。

表 5-7　底泥和土壤对 Pb 解吸动力学拟合的相关参数

样品类型	Elovich 方程			抛物线扩散方程			
	a	b	r	a	b	s	r
底泥	20.171	3.962	0.973	5.153	0.133	5.351	0.823
土壤	17.400	8.900	0.967	6.387	0.302	5.321	0.820

（三）Pb 的解吸热力学

不同温度下，底泥和土壤对 Pb 的解吸等温线如图 5－13、图 5－14 所示。从图 5－13 和图 5－14 中可见，Pb 解吸量随温度的升高逐渐增大，15 ℃、25 ℃、35 ℃时，底泥对 Pb 的最大解吸量分别为 53.06 mg/kg、65.10 mg/kg 和 73.26 mg/kg，土壤的最大解吸量分别为 59.94 mg/kg、70.96 mg/kg 和 87.74 mg/kg。由此可见温度对 Pb 的解吸存在很大影响，且土壤对 Pb 的解吸量要大于底泥的解吸量。产生这种现象的原因可能是 Pb 的解吸过程是吸热反

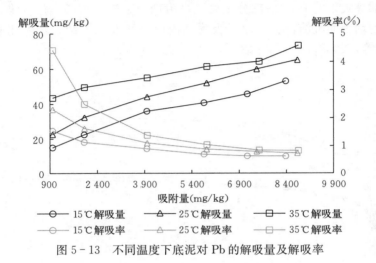

图 5－13　不同温度下底泥对 Pb 的解吸量及解吸率

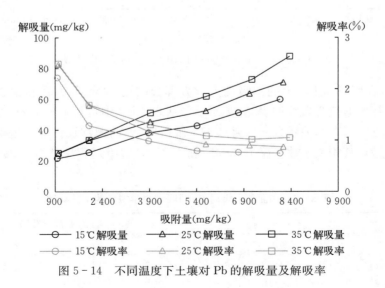

图 5－14　不同温度下土壤对 Pb 的解吸量及解吸率

应，温度升高有利于物理吸附的发生，表面电荷几乎不受温度变化的影响，所以，离子交换吸附产生的 Pb 的解吸作用几乎不受温度的影响（张迎新，2011），温度升高会促进 Pb 的解吸，且随着温度升高可能会增加底泥和土壤颗粒间的间隙，也会导致解吸量的增加。

Pb 在 15 ℃、25 ℃、35 ℃下的解吸热力学方程拟合结果及热力学参数见表 5-8 所示。从表 5-8 可见，Freundlich 方程和 Temkin 方程能够很好地拟合 Pb 的解吸等温过程，相关系数为 0.920～0.983。Freundlich 方程中参数 K_f 值表示解吸能力的强弱，由表 5-8 可知，K_f（底泥 15 ℃）＜K_f（底泥 25 ℃）＜K_f（底泥 35 ℃），K_f（土壤 15 ℃）＜K_f（土壤 25 ℃）＜K_f（土壤 35 ℃），由 Langmuir 方程中的 Q_m 可以看出，15 ℃、25 ℃、35 ℃下底泥对 Pb 的理论最大解吸量分别为 49.31 mg/kg、60.05 mg/kg、7.50 mg/kg，土壤对 Pb 的理论最大解吸量分别为 53.52 mg/kg、62.44 mg/kg、73.39 mg/kg，这与底泥和土壤对 Pb 的解吸量随温度的变化情况一致，即底泥和土壤均随温度的升高解吸量逐渐增大，说明温度越高，底泥和土壤对 Pb 的解吸能力越强，可以确定解吸反应为吸热反应。

表 5-8 不同温度下底泥和土壤对 Pb 等温解吸拟合参数

样品类型	温度（℃）	Langmuir 方程			Freundlich 方程			Temkin 方程		
		Q_m (mg/kg)	K_L (mg/L)	r	K_f	n	r	A	B	r
底泥	15	49.306	0.943	0.940	24.823	5.723	0.896	23.988	6.558	0.920
	25	60.047	2.287	0.896	37.009	6.905	0.948	37.871	6.807	0.968
	35	67.498	2.406	0.837	42.593	7.167	0.927	44.170	7.159	0.945
土壤	15	53.517	0.462	0.928	22.657	4.874	0.973	20.433	7.854	0.972
	25	62.437	1.205	0.798	34.254	6.193	0.996	35.935	7.086	0.983
	35	73.394	1.979	0.773	46.398	7.575	0.972	46.656	7.781	0.952

不同温度下 Pb 解吸热力学参数如表 5-9 所示。从表 5-9 中可见，随着温度越高，底泥和土壤对 Pb 的解吸热力学参数 ΔG 越来越小，说明高温有利于解吸的发生。从 $\Delta H > 0$ 可以看出，Pb 解吸反应是吸热反应，因此高温有利于底泥和土壤对 Pb 的解吸。在试验温度范围内，这与 Pb 在底泥和土壤中的解吸等温结果一致，即随着温度的升高，底泥和土壤对 Pb 的解吸量也逐渐增加，温度升高有利于解吸作用的发生。

表 5-9　不同温度下 Pb 在底泥和土壤中解吸的热力学参数

样品类型	温度（℃）	ΔG（kJ/mol）	ΔH（kJ/mol）	ΔS [kJ/(mol·K)]
底泥	15	−7.438		
	25	−8.893	20.028	0.097
	35	−9.863		
土壤	15	−6.919		
	25	−8.689	26.493	0.118
	35	−9.869		

（四）不同有机质含量对 Pb 的解吸量的影响

去除有机质前后底泥和土壤对 Pb 解吸量的变化如图 5-15 和图 5-16 所

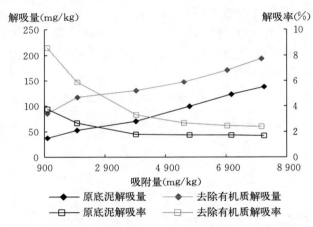

图 5-15　去除有机质前后 Pb 在底泥中的解吸量及解吸率

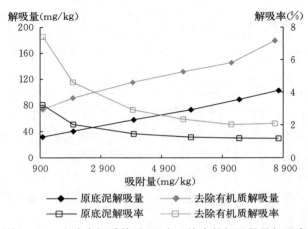

图 5-16　去除有机质前后 Pb 在土壤中的解吸量及解吸率

示。从图5-15和图5-16可见，去除有机质前后底泥和土壤对Pb的解吸量分别为110.16 mg/kg和173.74 mg/kg、114.82 mg/kg和183.98 mg/kg，去除有机质的解吸量是未去除有机质前的1.04倍和1.05倍。

（五）背景液不同pH对Pb解吸量的影响

背景液不同pH对底泥和土壤中Pb的解吸量的影响，如图5-17所示。从图5-17可见，随着pH的增大，底泥和土壤对Pb的解吸量呈逐渐降低的趋势，且解吸量下降幅度也呈递减的趋势。当pH由3增加到5时，解吸量从765.46 mg/kg和1 215.72 mg/kg，分别下降了96.16%和94.94%；当pH大于5时，解吸量趋于平衡，基本不再变化。产生这种现象的原因：可能是在pH较低时，溶液中存在大量的H^+，H^+的存在与底泥和土壤吸附的Pb发生了离子交换作用，使Pb从底泥和土壤表面置换下来（徐洁等，2007）；另外，可能是因为底泥和土壤表面吸附的一部分氢氧化物沉淀会在酸性条件下与H^+发生溶解作用，从而使Pb离子被解吸下来。

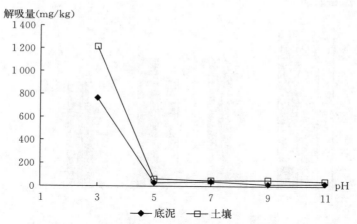

图5-17　不同pH下底泥和土壤对Pb解吸量的影响

（六）背景液N、P含量对Pb解吸量的影响

不同N、P含量对Pb在底泥和土壤上解吸量的影响如图5-18和图5-19所示。从图5-18和图5-19可见，N、P的存在均不利于底泥和土壤对Pb的解吸。当N的含量为1 mg/L、5 mg/L、10 mg/L时，底泥和土壤对Pb解吸量比未添加N时分别下降了0.56%、3.57%、9.84%和3.56%、6.59%、7.71%；当P的含量分别为0.5 mg/L、3 mg/L、5 mg/L时，底泥和土壤对Pb的解吸量比未添加P时分别降低了5.82%、28.87%、39.51%和3.95%、8.85%、39.89%。

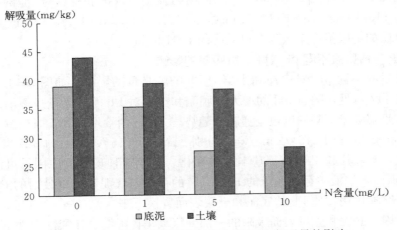

图 5-18　不同 N 含量下底泥和土壤对 Pb 解吸量的影响

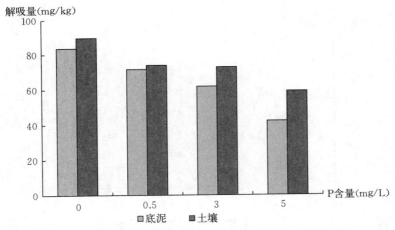

图 5-19　不同 P 含量下底泥和土壤对 Pb 解吸量的影响

第四节　结　　论

本研究以长春市新立城水库中底泥和周边土壤为研究对象，探究了底泥和土壤对重金属 Pb 吸附解吸特性的影响。研究结果如下。

（1）底泥和土壤对 Pb 的平衡吸附量分别为 8 747.6 mg/kg 和 8 155 mg/kg，吸附等温线为 L 形，属于单层分子层吸附，用 Temkin 方程能够更好地拟合底泥对 Pb 的吸附，相关系数 r 为 0.925，化学吸附占主导地位；Freundlich 方程能够更好地拟合土壤对 Pb 的吸附，相关系数 r 为 0.971。Pb 在底泥和土壤上的解吸量分别占吸附量的 0.74％和 0.87％，底泥和土壤对 Pb 的吸附能力较强，且吸附后不易被解吸。

（2）底泥和土壤对 Pb 的吸附包括快速吸附阶段、慢速平衡吸附阶段，在 24 h 内基本吸附平衡。Elovich 方程能够较好地拟合 Pb 在底泥和土壤中的吸附过程。Pb 在底泥和土壤上的吸附过程为自发的吸热过程。解吸行为同样经历了快速解吸阶段和慢速解吸平衡阶段，Elovich 方程也能够很好地拟合 Pb 解吸动力学。

（3）在 15 ℃、25 ℃、35 ℃温度范围内，随着温度的升高，底泥和土壤对 Pb 的吸附量均逐渐增大，吸附热力学参数 $\Delta G < 0$，随着温度的升高解吸量逐渐增大。

（4）pH 在 3～11 时，随着 pH 的升高，底泥和土壤对 Pb 的吸附量呈现先增大后逐渐趋于平衡的趋势。pH 为 5 是拐点，pH 大于 5 后吸附量变化不大；pH 在 3～5 时，解吸量下降最快，底泥和土壤对 Pb 的解吸量分别降低了 96.16％和 94.94％。

（5）有机质的去除可以降低底泥和土壤对 Pb 的吸附，吸附量分别下降了 1.39％和 1.07％。去除有机质前后底泥和土壤对 Pb 的解吸量为未去除有机质前的 1.04 倍和 1.05 倍。

（6）N、P 的添加可以携带 K^+ 进入溶液中，K^+ 与 Pb 产生了竞争吸附导致 Pb 的吸附量的降低，对解吸过程也存在抑制作用，但随着 N、P 浓度的升高抑制作用减弱。

第六章

湖库底泥和土壤对抗生素环丙沙星吸附、解吸特性的研究

第一节　抗生素污染的研究现状

近年来，随着抗生素药物在医疗和畜牧业中的广泛使用，大量抗生素污染物通过不同途径进入环境。虽然抗生素的半衰期不长，但使用量大，并且尚无有效的处理方法，导致抗生素长期存在于环境中，形成"假持续"现象（刘建超等，2012），最终抗生素沉积于土壤和水体底泥中。

底泥作为水生生态系统的重要组成部分之一，当地表水受到污染时，水中部分污染物质会通过颗粒吸附、沉降等作用进入底泥，底泥成为水生生态系统中污染物的重要蓄积库；底泥也是水中底栖生物的主要生活场所和食物来源，若蕴含污染物质会对水生生物造成不利影响，并通过生物富集、生物放大等一系列过程对人类健康构成潜在威胁。

喹诺酮类抗生素是人畜共用抗生素，不仅可以用作医疗药物，还可以作为饲料添加剂。例如，德国每年约有 1 179 t 的抗生素被添加到饲料中，中国作为畜牧业的大国，抗生素的添加量更是高达 6 000 t（Hu X G，2010）。人体若摄入大量喹诺酮类抗生素，可出现头昏、呕吐、食欲不振等多种症状，更严重者可引发软骨毒性和肌腱病症（李雅丽，2007）。因此，研究底泥和土壤对喹诺酮类抗生素的吸附、解吸特性不仅有利于环境的管理和保护，而且对人类的健康生活同样具有重要意义。

一、抗生素污染的现状

（一）喹诺酮类抗生素的结构性质和使用情况

喹诺酮类抗生素（Quinolone antibiotics）是人工合成的萘啶酸衍生物，通过抑制细菌 DNA 旋转酶的活性，影响细菌的代谢和繁殖，从而达到抗菌效果。喹诺酮类抗生素种类繁多，常用的有恩诺沙星（ENR）、诺氟沙星

（NOR）、氧氟沙星（OFL）和环丙沙星（CIP）。喹诺酮类抗生素具有抗菌谱广、机体吸收效果好、半衰期相对较长等特点，从而得到人们的广泛应用（吴小莲等，2011）。但是，喹诺酮类抗生素对人体有一定的副作用，欧美等发达国家对其管理十分严格。例如，美国食品和药物管理局（FDA）为防止人类增加对某些抗菌药物的耐药性，在 2005 年宣布禁止对禽类使用恩诺沙星（Kemper N，2008）；欧盟规定达氟沙星、恩诺沙星等喹诺酮类兽药在动物肌肉和肾脏中最高残留限量为 0.01～1.9 mg/kg（刘丽娟等，2005）。我国喹诺酮类抗生素的临床使用量已超过青霉素类，成为第二大抗菌药物；其中，恩诺沙星（ENR）、诺氟沙星（NOR）、氧氟沙星（OFL）生产量最大，约占国内喹诺酮类药物总产量的 98%（管荷兰，2012；吕咏梅，2004）。2002 年，我国约生产诺氟沙星 3 600 t、环丙沙星 1 800 t、氧氟沙星 1 200 t，同年三者出口量占生产总量的 40% 左右，约为 2 500 t。我国将会成为世界上抗生素药物主要生产和供应国之一（Bjorklund H，1996；Sukul P，2007）。

（二）环丙沙星的简介

环丙沙星是喹诺酮类抗生素中应用最为广泛的一种，可以通过抑制 DNA 回旋酶和拓扑异构体Ⅱ，使 DNA 超螺旋结构不能封口，导致 mRNA 与蛋白质的合成失控，最终使细菌死亡。环丙沙星的化学结构如图 6-1 所示。

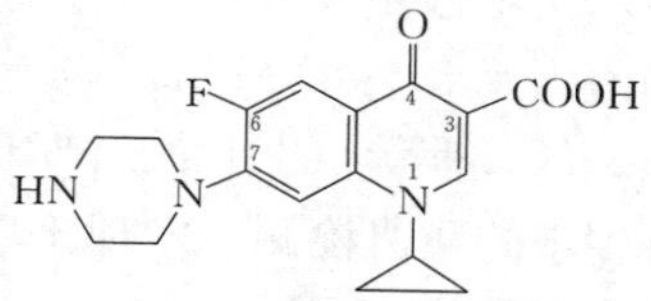

图 6-1　环丙沙星的化学结构

截至 2010 年，全球喹诺酮类药物的销售额已超过 180 亿美元；专家预计，未来几年喹诺酮类抗生素的销售额将保持年均 6% 左右的速度增长（李振，2009）。在国外每年有 50 t 喹诺酮类抗生素作为专用药物，有 70 t 作为一般药物（Kumar K et al.，2005）。

二、抗生素污染的来源

喹诺酮类抗生素进入机体后不能被完全吸收，大部分从体内排出。抗生素进入土壤和地表水环境，经雨水冲刷和地表径流汇入江河湖泊或渗入地下水，最终在水体底泥和土壤中蓄积。环境中喹诺酮类抗生素的来源主要包括以下 3 个方面。

1. 医用抗生素　我国抗生素人均使用量在 138 g 左右，是美国的 10 倍。抗生素进入机体后，只有少部分经过裂解、羟基化等代谢活动被机体吸收，而 75%～90% 经由病人排泄物排出体外（刘佳，2011）。现今的污水处理技术无法将抗生素彻底清除，这些含有抗生素的废水经污水处理厂出水口进入水体。此外，每年还有大量抗生素由于过期、保管不善等原因被随意丢弃进入环境。

2. 兽用抗生素　自 20 世纪 70 年代以来，兽用抗菌药物已成为预防、治疗动物疾病和促进动物生长的主要用途。欧盟国家兽用抗生素占总兽药用量的70%以上（廖丹，2013），我国约有 46.1%抗生素被用于畜牧养殖业。抗生素不能在动物体内完全代谢降解，会随着动物排泄物进入环境；其无论是用于农业肥料还是直接排放，都可能对环境造成危害（王娜等，2010）。研究表明：水产养殖业中使用的抗生素仅有 20%～30%被鱼类吸收，其余均残留于水中（Samueisen O B，1989）。

3. 抗生素工业废水　抗生素药品生产过程中所产生的废水含有高浓度活性抗生素，由于制药废水具有间歇排放和浓度变化大等特点，导致废水中的抗生素很难得到彻底清除（王路光等，2009）；同时，抗生素也不是常规水质检测指标。因此，废水中常常具有较高浓度的抗生素残留。

三、抗生素污染的残留现状

目前，在环境、肉制品和食用蔬菜中喹诺酮类药物均有不同程度的残留。张劲强等（2007）对江苏省不同地区的猪、牛、鸡的粪便样品进行检测，结果显示诺氟沙星、环丙沙星、恩诺沙星的检出率高达 12.2%～22.7%，残留量均值为 1.57～6.29 mg/kg，远远高出欧美兽药残留最高限量 100 μg/kg 的标准。邰义萍等（2010）针对珠江三角洲"无公害蔬菜"生产基地进行喹诺酮类抗生素的残留检测，发现土壤中喹诺酮类药物的总含量为 3.97～32.03 μg/kg，检出率均达 100%。

抗生素不仅存在于粪便、土壤和植物中，河流底泥中也有喹诺酮类药物的残留。Fatima Tamtam（2011）研究发现塞纳-马恩省河流淤泥中 80 cm 下仍有喹诺酮类抗生素存在，污染时间可以追溯到 1960 年以前，其浓度最高达到 32 μg/kg。

四、抗生素污染的危害

1. 诱导耐药菌的产生　研究表明，当抗生素被排入环境中时，低浓度抗生素并不会立即杀死环境中的微生物，但长期排放会导致细菌产生耐药性，尤其是多种抗生素共存时会诱导交叉耐药性菌株的产生。这些耐药基因会在相同菌种中，甚至不同菌种中，进行传递（Pico Y，2007），一旦耐药基因传递到致病菌中，将会增加人类患病概率，危害人类健康。

2. 影响动植物生长　环境中残留的抗生素会对动植物产生影响。Migliore 等（Migliore L，2003）发现 50 μg/L 的恩诺沙星可以促进黄瓜、萝卜等农作物的生长；但当恩诺沙星浓度达到 5 mg/L 时，则会明显抑制蔬菜的主根、胚轴及子叶的长度并降低了叶片数量，其中对根的抑制作用最强。赵蕾等（2013）研究了恩诺沙星对异育银鲫的急性毒性，并观察了恩诺沙星在不同剂量下对异育银鲫血液生化指标的影响；实验结果表明，恩诺沙星对异育银鲫的半致死剂量为 1 949.84 mg/kg，安全剂量为 194.98 mg/kg。

3. 威胁人类健康　现今大多数污水处理技术无法完全去除废水中抗生素，长期饮用含微量抗生素的水，会导致该药物在体内蓄积，最终诱发毒性损伤，进而对人体造成巨大危害。彭均等（2008）研究发现人体内诺氟沙星含量过高会引发过敏性休克、面部色素沉着、血尿、重症肌无力、精神障碍等不良反应。如果多种抗生素共存于人体内，抗生素间可能会相互影响，从而加大对人体的危害。喹诺酮类抗生素与吡唑酮类、水杨酸钠、吲哚乙酸类、邻氨基苯甲酸类等药物合服将加剧中枢神经毒性；恩诺沙星会抑制肝药酶的作用，导致咖啡因、茶碱、柯柯碱等嘌呤类生物碱的代谢出现障碍，从而使血药浓度升高进而引发毒副作用（楚素梅，2002；栗国勤，2008），一些喹诺酮类抗生素甚至会起到致癌、致畸、致突变的作用（周启星，2007）。

五、抗生素在环境中的降解行为

喹诺酮类抗生素在环境中的降解主要包括光解、水解和微生物降解。根据不同的环境条件，抗生素会发生一种或多种降解。

1. 光降解　研究表明：水环境中大部分抗生素在光照条件下易发生光解。抗生素的光降解是因为分子吸收光能变成激发态，从而引发各种反应。喹诺酮类抗生素属光降解敏感型，其光解效率取决于光照强度和频率。Lai H T 等（2009）研究发现，一定强度的自然光照是喹诺酮类抗生素在池塘底泥中降解的重要因素。

2. 水解　水解是抗生素在环境中重要的降解方式，其主要影响因素是 pH。例如，诺氟沙星在碱性条件下易发生水解反应；恩诺沙星的水解速率则很慢，在中性恒温避光条件下的水解半衰期将超过 1 年（Halling Srensen B et al.，1998）。

3. 微生物降解　微生物降解指通过微生物作用，将残留的抗生素从大分子化合物降解为小分子化合物，最后生成 H_2O 和 CO_2，从而实现无害化处理的过程。影响微生物降解的主要因素包括 pH、温度、含氧量、环境介质及其他抗生素的存在等（贾江雁，2011）。喹诺酮类抗生素的生物降解较快，但降解率不高（Almad A，1999）。

六、喹诺酮抗生素吸附、解吸的研究现状

喹诺酮类抗生素进入水环境中后，由于光解和水解作用，水体上层的抗生素浓度会迅速降低，不会产生明显的生物效应。进入底泥的抗生素在厌氧和光降解机会较少的情况下，滞留时间相对较长。因此，吸附是抗生素在水体沉积物中迁移的重要手段，吸附效果取决于抗生素和沉积物本身的特性（齐会勉，2009）。

（一）吸附、解吸的原理

抗生素主要是通过分子间作用力与沉积物中吸附位点结合，或者抗生素分子中功能基团（如羧酸和醛等）与沉积物中有机质发生反应形成络合物或螯合物，从而引发吸附（章明奎，2008）。喹诺酮类抗生素含有强配位体羰基（C＝O）、氟原子基团（—F）及离子交换基团羧基（—COOH），这些基团可通过配合作用力、静电吸引力及范德华力的作用吸附在沉积物颗粒上，因而不易迁移（Zhang H，2007）。但是不同类型抗生素在沉积物上发生吸附的机理并不相同，诺氟沙星的吸附就是其酸性基团的羧基及碱性基团的亚氨基与沉积物表面离子等综合作用的结果。

（二）影响吸附、解吸的环境因素

1. pH　抗生素通过 pH 改变自身及吸附介质的电荷状态，从而影响吸附过程。抗生素的吸附以阳离子交换为主。以诺氟沙星（NOR）为例，在不同的 pH 下，诺氟沙星存在形式和吸附形式各不相同。当 $5.2<pH<6.4$ 时，溶液中以 NOR^+ 为主，吸附形式为离子交换和氢键作用；当 $7.78<pH<8.2$ 时，诺氟沙星以 NOR^0 为主，吸附形式为相对较弱的范德华力和疏水作用（张劲强，2008）。所以，pH 过高或过低均不利于诺氟沙星的吸附。

2. 温度　温度是影响抗生素吸附的重要因素。李靖等（2013）经过研究得出，当温度在 15 ℃～25 ℃，热解底泥对喹诺酮类抗生素的吸附量变化为先升高、后降低。其原因可能是，吸附过程为吸热反应，但温度较高时底泥空隙大小或者喹诺酮类抗生素的存在形式发生了变化。

3. 离子强度　不同阳离子（如钾、钠、钙、镁等）会对吸附过程产生影响。当 pH 较低时，它们会和抗生素竞争介质吸附位，从而抑制吸附；当 pH 较高时，离子会以共价键的形式连接抗生素中带负电荷的部分及介质表面的负吸附位，形成抗生素-离子-吸附介质三相络合物，进而促进吸附（张劲强，2007）。

4. 有机质　有机质是主要的吸附活性组分之一。其中，大量官能团（—COO⁻）会为带正电的抗生素离子提供了更多的吸附位点（Sibley S D，2008）。抗生素不仅可以通过氢键作用与有机质中的极性官能团结合，还可以通过金属离子的键桥作用被吸附。

5. 样品性质　同一种抗生素在不同种类土壤及底泥样品中的吸附效果会存在较大差异（陈瑞萍等，2012）。研究发现，土壤的机械组成对抗生素的吸附能力有很大影响，并且土壤中有机质和氧化铁含量与吸附能力呈正相关。此外，不同组分间的相互作用也会对吸附过程产生不同影响。

（三）吸附、解吸的研究进展

由于喹诺酮抗生素在医疗和养殖业中具有巨大作用，所以喹诺酮抗生素的使用量在一段时间内不会减少。为了解决环境中的喹诺酮抗生素的残留问题，人们把更多的目光放在环境中已积累的抗生素的处理问题上。对喹诺酮抗生素吸附、解吸方面的研究，引起了很多国内外学者和科研人员的关注。陈炳发（2012）等通过对国内外抗生素吸附文献进行总结，指出无机矿物的比表面积、电荷量、可交换离子容量等因素会影响土壤对抗生素吸附能力的强弱。矿物比表面积越大、颗粒越小，土壤吸附位点就越多，吸附量就越大。高鹏等（2011）对诺氟沙星和环丙沙星在高岭土中的静态吸附进行了试验，并对抗生素初始浓度、吸附平衡时间、pH 及阳离子类型与强度等影响因素进行了研究。研究表明，高岭石对这两种抗生素主要的吸附机制是阳离子交换作用。莫测辉等（2011）对诺氟沙星和环丙沙星在蒙脱石上的吸附特性进行了研究，并讨论了抗生素初始浓度、pH 和阳离子强度对吸附的影响。结果表明，在 pH 较高时，表面络合作用可能是蒙脱石吸附环丙沙星和诺氟沙星的主要作用机制，且 Ca^{2+} 与蒙脱石共存会对环丙沙星和诺氟沙星的吸附产生抑制效果。

吸附剂的不同会导致吸附行为不同。顾维等（2010）的研究表明针铁矿、赤铁矿和土壤对 NOR 的吸附是放热反应，但 NOR 在活性炭上的吸附则是吸热反应；Wang 等（2011）探讨了 2∶1 二八面体的黏土矿物对环丙沙星的吸附作用，蒙脱土、累托石和伊利石对环丙沙星的吸附容量各不相同，其中蒙脱石吸附效果最佳；Yang X 等（2011）的研究表明在树脂和碳纳米管作为吸附剂时，$NOR^{\pm}$ 形态最容易被吸附，这是因为 $NOR^{\pm}$ 形态的疏水作用更强。此外，ConkleJ L 等（2010）研究了湿地土壤中环丙沙星和诺氟沙星的竞争吸附和解吸行为，结果表明，吸附位点是决定吸附能力强弱和有无竞争吸附的重要指标。

第二节　底泥和土壤对环丙沙星吸附特性研究

一、试验材料

（一）试验药品

环丙沙星购自上海晶纯生化科技股份有限公司，纯度≥98％，相对分子量为 331.34；甲醇为 HPLC 级试剂；其余化学试剂均为分析纯。

（二）色谱条件

高效液相色谱仪（HPLC）配置紫外检测器和 C_{18} 色谱柱（250 mm×4.6 mm），流动相为 $V_{(甲醇)}∶V_{(超纯水，含0.1\%甲酸)}$＝32∶68，流速为 1 mL/min，柱温为 30 ℃，每次进样 20 μL，紫外检测波长为 277 nm。

（三）供试样品

底泥样品：同第二章试验中的底泥 A；土壤样品：同第二章试验中的土壤 C。

二、试验方案

（一）环丙沙星的吸附等温试验

参照 OECD guideline 106 平衡吸附试验方法进行（OECD，2000）。分别称取经 100 目滤网过滤后的底泥和土壤样品（0.500 0±0.000 5）g 置于 50 mL 聚乙烯离心管中，加入 25 mL 初始浓度为 100 mg/L、110 mg/L、120 mg/L、125 mg/L、130 mg/L、140 mg/L 的环丙沙星溶液，电解质为 0.01 mol/L $CaCl_2$；加入 0.01 mol/L 的 NaN_3（抑制细菌活动）。在 25 ℃下，恒温、避光振荡至吸附平衡后，于 4 000 r/min 离心 10 min，上清液过 0.45 μm 滤膜，测定环丙沙星的浓度。

（二）环丙沙星的吸附动力学试验

参照环丙沙星的吸附等温试验的试验方法，加入含 100 mg/L、120 mg/L、140 mg/L 环丙沙星的背景溶液。在 25 ℃下，恒温、避光振荡，分别在 30 s、1 min、3 min、5 min、7 min、10 min、15 min、30 min、1 h、2 h、4 h、6 h、8 h、10 h、12 h、24 h 时取样，离心、上清液经 0.45 μm 滤膜过滤，测定环丙沙星的浓度。

（三）环丙沙星的吸附热力学试验

参照环丙沙星的吸附等温试验的试验方法，配制 5 组含环丙沙星浓度为 100 mg/L、110 mg/L、120 mg/L、125 mg/L、130 mg/L、140 mg/L 的 25 mL 悬浊液，分别置于 15 ℃、20 ℃、25 ℃、30 ℃、35 ℃恒温条件下振荡至吸附平衡，于 4 000 r/min 离心 10 min，取上清液经 0.45 μm 滤膜过滤后，测定环丙沙星的浓度。

（四）不同影响因素对环丙沙星吸附行为的影响

1. 背景液不同 pH 对环丙沙星吸附行为的影响 用 1 mol/L HCl 溶液和 1 mol/L NaOH 溶液调节背景溶液 pH，使溶液 pH 分别为 3、5、7、9、11，参照环丙沙星的吸附等温试验和吸附动力学试验的试验方法进行试验，取上清液经 0.45 μm 滤膜过滤后，测定环丙沙星的浓度。

2. 离子强度对环丙沙星吸附行为的影响 配制不同浓度的 $CaCl_2$ 电解质溶液，使 $CaCl_2$ 浓度为 0.01 mol/L、0.05 mol/L、0.07 mol/L、0.1 mol/L、0.15 mol/L、0.2 mol/L、0.4 mol/L、0.5 mol/L、0.75 mol/L、1 mol/L、1.5 mol/L 和 2 mol/L。分别加入 120 mg/L 的环丙沙星，在 25 ℃下，恒温、避光振荡至吸附平衡，离心，取上清液经 0.45 μm 滤膜过滤后，测定环丙沙星的浓度。

3. 离子类型对环丙沙星吸附行为的影响 用 KCl、NaCl、$MgCl_2$、$AlCl_3$、$FeCl_3$ 代替 $CaCl_2$ 配制新的背景溶液，参照环丙沙星的吸附动力学试验的试验方法重复进行操作，离心，取上清液经 0.45 μm 滤膜过滤后，测定环丙沙星的浓度。

4. 不同 N、P 含量对环丙沙星吸附行为的影响　在电解质溶液中，添加 N、P（由 NH_4Cl 和 KH_2PO_4 配制），使得溶液中 N、P 的含量分别为①N 为 1 mg/L、P 为 0 mg/L，②N 为 10 mg/L、P 为 0 mg/L，③N 为 0 mg/L、P 为 0.5 mg/L，④N 为 0 mg/L、P 为 5 mg/L，⑤N 为 1 mg/L、P 为 0.5 mg/L、⑥N 为 10 mg/L、P 为 5 mg/L。参照环丙沙星的吸附动力学试验的方法，对 6 组试验进行重复操作，离心、取上清液经 0.45 μm 滤膜过滤后，测定环丙沙星的浓度。

三、结果与分析

（一）环丙沙星的吸附等温线

在固液吸附体系中，恒定温度条件下常用吸附等温线来表征吸附量和吸附物浓度之间的关系，并且揭示吸附物与吸附介质的作用位点和作用力的强弱。底泥和土壤样品对环丙沙星的等温吸附如图 6-2 所示。从图 6-2 中可见，土

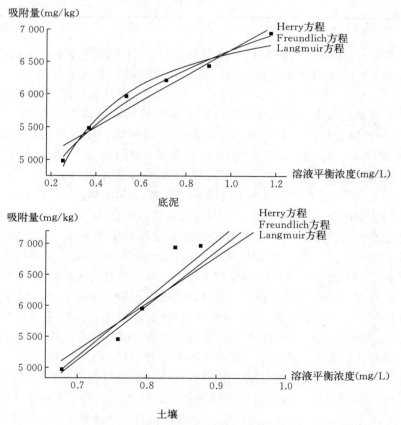

图 6-2　环丙沙星在底泥和土壤中的吸附等温线

壤的平衡吸附浓度为 1.174 2 mg/L，平衡吸附量为 6 941.29 mg/kg。底泥的平衡吸附浓度是 0.876 6 mg/L，平衡吸附量为 6 956.17 mg/kg。

不同的吸附等温方程可以描述样品对污染物的吸附过程。Herry 方程表征在观测浓度范围内，吸附物与吸附剂之间的吸引力不变，吸附剂拥有较强的吸附位点。Langmuir 方程和 Freundlich 方程最大的区别在于吸附位点的多重性和吸附自由能的差异性。本研究中采用 Herry 线性方程、Langmuir 方程和 Freundlich 方程拟合试验数据，描述环丙沙星在底泥和土壤中的吸附情况，拟合参数如表 6-1 所示。

表 6-1 环丙沙星等温吸附方程参数

样品类型	Langmuir 方程			Freundlich 方程			Herry 线性方程		
	Q_m (mg/kg)	K_L (mg/L)	r	$\lg K_f$	$1/n$	r	K_d	m	r
底泥	8 096.75	8.19	0.989 1**	3.892	0.205	0.991 2**	1 982.01	4 707.75	0.979 9**
土壤	7 540.71	7.34	0.977 3**	3.825	1.180	0.987 1**	8 887.48	−1 110.40	0.980 0**

注：** 表示差异极显著。

从表 6-1 中可见，底泥和土壤对环丙沙星的吸附通过 Langmuir 方程、Freundlich 方程和 Herry 方程拟合，拟合方程的相关系数 r 分别为 0.989 1、0.991 2、0.979 9 和 0.977 3、0.987 1、0.980 0。对其进行差异显著性检验，均达到差异极显著水平，说明 3 种吸附等温方程的拟合效果均很好，且 Freundlich 方程拟合效果最佳。从 Freundlich 方程可知，环丙沙星的吸附容量 K_f（底泥）$>K_f$（土壤），与 Langmuir 方程最大吸附量 Q_m 相符，说明底泥比土壤能吸附更多的环丙沙星，这是因为底泥黏粒含量为 31.10%，大于土壤中粘粒含量 20.17%。在 Freundlich 方程中，底泥对环丙沙星吸附的 $1/n<1$，土壤对环丙沙星的 $1/n>1$。根据 $1/n$ 值与等温吸附线的形状关系可知，底泥的吸附等温线为 L 形，表明在等温吸附的初始阶段底泥和环丙沙星之间的亲和力较强，即吸附比例随环丙沙星浓度的增加而减少（Calvet R，1989）；土壤吸附等温线为 S 形，说明环丙沙星与土壤表面间的亲和力相对较弱，当环丙沙星浓度较低时，溶液中的水分子会与其竞争吸附点位，这可能是抑制吸附过程的主要原因之一（Sukul P et al.，2008），随着溶液中环丙沙星浓度的升高，吸附比例也随之增加。环丙沙星与有机质发生配合基的络合反应，以及环丙沙星表面质子化，都会导致吸附等温线向 S 形发展（Hinz C，2001）。

底泥和土壤中可能存在多种吸附物对环丙沙星进行吸附，吸附过程可能是不同吸附物的不同类型的吸附等温线的叠加；所以，需将 Herry 方程分别和 Freundlich 方程和 Langmuir 方程结合后进行拟合（Weber et al.，1992）。拟合方程如下所示，拟合参数见表 6-2。

Herry - Freundlich 方程：$q_e = K_d \cdot C_e + K_f \cdot C_e^{1/n}$

Herry - Langmuir 方程：$q_e = K_d \cdot C_e + \dfrac{Q_m \cdot K_L \cdot C_e}{1 + K_L \cdot C_e}$

表 6 - 2 环丙沙星复合等温吸附方程参数

样品类型	Herry - Langmuir 方程				Herry - Freundlich 方程			
	K_d (mg/L)	K_L (mg/kg)	Q_m	r	K_d	$\lg K_f$	$1/n$	r
底泥	7 955.77	13.74	7 390.47	0.985 8**	−336.27	3.934	0.231	0.992 7**
土壤	6 556.50	3.24	6 131.90	0.976 9**	−499.87	3.846	0.997	0.982 7**

注：** 表示差异极显著。

从表 6 - 2 中可见，运用复合吸附等温方程拟合底泥和土壤对环丙沙星的吸附过程，其相关系数 r 分别为 0.985 8 和 0.992 7、0.976 9 和 0.982 7，比单一吸附等温方程的相关性好，对其进行差异显著性检验，均为差异极显著水平；但 Herry - Freundlich 方程中拟合参数 K_d 值为负，与实际情况不符，故舍去。由于 Herry - Langmuir 方程的相关系数同样较高，说明底泥和土壤对环丙沙星的吸附包含了两个吸附过程，即能快速吸收环丙沙星的吸附过程和因有限的高活性位点而产生的吸附过程。由于环丙沙星属于离子化有机物，在中性水溶液中以环丙沙星 $H^{\pm}$ 形态存在，可通过静电作用或共价键作用被样品吸附，而分子中未带电荷的部分，则通过渗透作用进入样品的有机物中（Golet E M et al.，2002）。这与 Xia G 等（1999）的研究结果是一致的，在复合方程拟合中，初始浓度的高低决定了哪一种吸附等温线占主导地位；在低浓度时，主要以 Langmuir 方程拟合的等温线为主，当浓度高时（$K_L C_e > 1$），吸收项占主导地位。

（二）环丙沙星的吸附动力学

不同初始浓度下，底泥和土壤对环丙沙星的累积吸附量随时间变化，如图 6 - 3 所示。从图 6 - 3 中可见，底泥对环丙沙星的吸附效果比土壤好，但随着环丙沙星浓度的增加，底泥和土壤对环丙沙星的吸附量差距逐渐减小。在初始浓度分别为 100 mg/L、120 mg/L、140 mg/L 时，环丙沙星在底泥中的吸附量分别占初始加入量的 99.75%、99.63%、99.43%，在土壤中吸附量占98.69%、99.26%、99.34%；由此可以看出，环丙沙星在底泥中的吸附比例随初始浓度的增加而下降，在土壤中随初始浓度的增加而上升。

底泥和土壤对环丙沙星的吸附过程分为快速吸附阶段和慢速平衡阶段。其原因是在吸附初始阶段，环丙沙星与底泥和土壤中暴露在外表面的官能团结合，吸附速率很快；但当外表面吸附点位达到饱和后，环丙沙星只能进入样品颗粒内部空隙中，在颗粒的内表面进行吸附。当底泥和土壤中的吸附点位都被

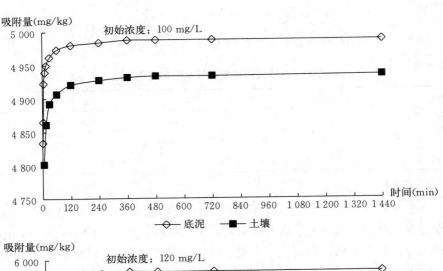

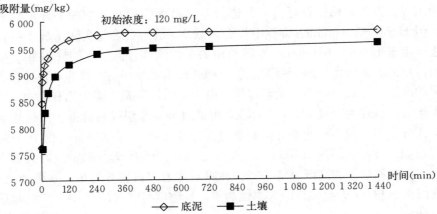

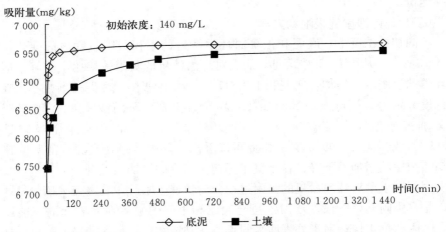

图 6-3　环丙沙星在底泥和土壤中的吸附动力学曲线

环丙沙星占据时，吸附达到饱和，吸附速率为零，此时溶液中环丙沙星的浓度不再变化（鲍艳宇，2008）。在底泥中的整个吸附过程里，0～60 min 内溶液中环丙沙星的浓度急剧降低，底泥对环丙沙星的吸附量增长最快；此后进入慢速吸附阶段，溶液中环丙沙星的变化趋于平衡。而在土壤中，环丙沙星在土壤中快速吸附阶段的时间为 0～120 min，其慢速平衡阶段的时间随初始浓度的增加而延长，这是由于样品有机质含量和组成不同导致的。

通常条件下，污染物吸附过程包括质量转移、扩散控制、化学反应、微粒扩散等（汪昆平等，2012）。对环丙沙星在样品中的吸附动力学过程分别使用了准二级动力学方程和 Elovich 方程进行数据分析，拟合参数见表 6-3。从表 6-3 中可见，环丙沙星在底泥和土壤中的吸附动力学，用准二级动力学方程的拟合效果最佳，吸附速率常数 k_1 随环丙沙星初始浓度的增加而降低，在底泥中 k_1 为 1.16×10^{-2} kg/(mg·min)、0.88×10^{-2} kg/(mg·min)、0.43×10^{-2} kg/(mg·min)，在土壤中 k_1 为 1.46×10^{-3} kg/(mg·min)、1.02×10^{-3} kg/(mg·min)、0.99×10^{-3} kg/(mg·min)，相关系数范围在 0.917 7～0.978 4，对其进行差异显著性检验，均为差异极显著水平。准二级动力学方程是在二级动力学方程的基础上，通过对二级动力学方程进行修正，得到的符合试验趋势的拟合方程，其涵盖了表面吸附、粒子内扩散、外部液膜扩散等吸附过程，可以反映整个吸附过程的所有动力学机制（陈淼等，2012）。

表 6-3　环丙沙星在底泥和土壤中吸附动力学拟合参数

样品类型	浓度 (mg/L)	准二级反应动力学方程			Elovich 方程		
		Qe	k_1 [kg/(mg·min)]	r	a	b	r
底泥	100	4 978.25	1.16×10^{-2}	0.960 6**	4 989.39	16.03	0.892 1**
	120	5 963.53	0.88×10^{-2}	0.936 7**	5 856.10	21.73	0.867 0**
	140	6 948.19	0.43×10^{-2}	0.971 4**	6 821.50	24.24	0.895 2**
土壤	100	4 926.89	1.46×10^{-3}	0.978 4**	4 800.29	21.66	0.934 1**
	120	5 933.82	1.02×10^{-3}	0.946 1**	5 735.40	34.48	0.968 9**
	140	6 913.23	0.99×10^{-3}	0.917 7**	6 708.59	35.94	0.986 5**

注：** 表示差异极显著。

用 Elovich 方程拟合吸附过程，可描述环丙沙星在颗粒内的扩散机制（张增强，2000）。从表 6-3 的拟合参数可知，在土壤中，当环丙沙星初始浓度为 100 mg/L 时，准二级动力学方程（$r = 0.978\ 4$）的拟合效果比 Elovich 方程（$r = 0.934\ 1$）好，但随环丙沙星浓度的增加，准二级动力学方程拟合出的相关系数逐步降低（$r = 0.946\ 1$、$r = 0.917\ 7$），而 Elovich 方程的相关系数却逐渐升高（$r=0.9689$、$r=0.9865$）。方程拟合的相关系数 $r<1$，说明吸附过程不成线性，吸附过程中有多个限速步骤。Wang S B 等（2006）发现，在多孔介质的吸附过程中，限速步骤只可能是膜扩散或颗粒内扩散。虽然 Elovich 拟合曲线在快速吸附阶段呈线性，但却并不经过零点；所以，颗粒内扩散可能是吸附过程的主要限速步骤但并不唯一（Unlü N，2006）。

（三）环丙沙星的吸附热力学

分别在 15 ℃、20 ℃、25 ℃、30 ℃和 35 ℃下进行环丙沙星在底泥和土壤中吸附量的研究，结果如图 6-4 所示。从图 6-4 中可见，随着温度的升高，环丙沙星在底泥和土壤中的平衡吸附量均呈先升高后降低趋势，在 25～30 ℃，吸附效果最佳。底泥和土壤在 15 ℃时的吸附量与 25 ℃的吸附量分别相差 47.37 mg/kg 和 6.86 mg/kg；而 35 ℃时的吸附量与 25 ℃的吸附量相差分别是 19.28 mg/kg 和 19.61 mg/kg。这说明样品对环丙沙星的吸附除了物理吸附外，还存在一个热交换的化学过程，也就是一个弱放热反应。在 15～25 ℃时，随着温度的升高，样品比表面积增大，从而使吸附量增多；但温度继续升高，高温会抑制样品对环丙沙星的吸附，从而导致吸附量降低（郭丽等，2014）。

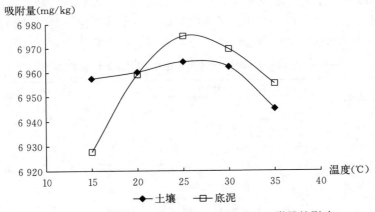

图 6-4　不同温度底泥和土壤对环丙沙星吸附量的影响

用 Langmuir 方程和 Freundlich 方程对不同温度下，环丙沙星在底泥和土地壤中吸附情况进行数据拟合，其拟合结果如表 6-4 所示。从表 6-4 可见，Langmuir 方程和 Freundlich 方程对底泥的拟合效果比土壤的拟合效果好，且 Freundlich 方程拟合效果最佳，在 35 ℃时相关系数 r 达到 0.9999。随温度的增加，在 Freundlich 方程中代表吸附容量的参数 $\lg K_f$ 也是先升高后下降，在 25 ℃吸附容量最大，其结果同 Langmuir 方程中拟合参数 Q_m 和 K_L 的趋势相符。对相关系数 r 进行差异性检验，均达到差异极显著水平。

表 6-4 不同温度下底泥和土壤对环丙沙星等温吸附拟合参数

样品类型	温度(℃)	Langmuir 方程			Freundlich 方程		
		Q_m (mg/kg)	K_L (mg/L)	r	$\lg K_f$	1/n	r
底泥	15	7 347.69	6.43	0.984 8**	3.810	0.237	0.997 1**
	20	7 505.58	6.75	0.983 7**	3.871	0.265	0.993 0**
	25	7 618.89	8.65	0.993 2**	3.975	0.342	0.993 8**
	30	7 588.34	8.34	0.997 4**	3.916	0.314	0.997 6**
	35	7 569.19	8.28	0.999 4**	3.875	0.297	0.999 9**
土壤	15	7 508.78	7.15	0.956 5**	3.819	1.188	0.968 5**
	20	7 515.15	7.15	0.983 9**	3.876	1.188	0.995 6**
	25	7 525.15	7.25	0.914 3**	3.965	1.432	0.997 9**
	30	7 520.95	7.19	0.960 7**	3.869	1.385	0.995 6**
	35	7 496.69	7.02	0.968 9**	3.811	1.022	0.969 2**

注:** 表示差异极显著。

(四)背景液不同 pH 对环丙沙星的吸附的影响

在 pH 为 3、5、7、9、11 的情况下,底泥和土壤对环丙沙星的吸附情况,如图 6-5 所示。从图 6-5 中可见,环丙沙星吸附量的变化随 pH 的升高呈先增加后降低的趋势。当 pH=5 时底泥和土壤对环丙沙星的吸附能力最强,分别可吸附环丙沙星总量的 99.75% 和 99.79%;当 pH=11 时,吸附能力最弱,底泥和土壤仅吸附环丙沙星总量的 97.64% 和 96.40%,吸附量分别下降了 2.11% 和 3.39%。由此可知,pH 对土壤吸附环丙沙星的影响比对底泥大。

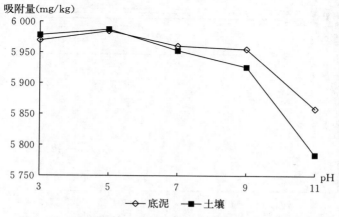

图 6-5 不同初始 pH 下底泥和土壤对环丙沙星的吸附量

因为环丙沙星分子中的—COOH 和—NH$_3$ 可以分别与溶液中的 H$^+$ 和 OH$^-$ 结合，所以在底泥和土壤中环丙沙星能以阳离子、阴离子和兼性离子的形态存在（Vasudevan D et al.，2009）。在酸性条件下（pH<7），底泥和土壤表面主要以负电荷为主，环丙沙星分子中的—NH$_3$ 与 H$^+$ 结合而呈 CIPH$_2^+$ 形态，有利于被样品吸附，此时吸附机制主要是静电引力；但当 pH<5 时，H$^+$ 过多，导致其与环丙沙星竞争吸附位点，降低样品对环丙沙星的吸附效果。在 pH=7 时，环丙沙星呈 CIPH$^\pm$ 形态，此时可通过阳离子交换的形式将环丙沙星上的阳离子基团与底泥和土壤表面的负电荷相互结合，但吸附效果要比酸性条件时低。当 pH>9 时，环丙沙星的—COOH 与 OH$^-$ 结合而呈 CIP$^-$ 形态，导致吸附量减小。由此可见环丙沙星在底泥和土壤中的吸附机制以阳离子交换为主（崔皓，2012；Yan W，2012）。

不同的初始 pH 不仅影响底泥和土壤对环丙沙星的最大吸附量，还影响底泥和土壤对环丙沙星的吸附速率，如图 6-6 所示。从图 6-6 中可见，在 1 min内，不同 pH 下底泥对环丙沙星的吸附率分别为 98.32%、99.09%、98.32%、97.42%、94.21%，5 min 内的吸附率分别为 98.61%、99.53%、98.50%、98.28%、96.00%；土壤对环丙沙星的吸附速率 1 min 内为 98.37%、99.19%、98.05%、97.21%、93.37%，5 min 内为 98.88%、99.58%、98.31%、97.53%、93.88%。与此同时，环丙沙星的吸附平衡时间也发生了改变。当 pH=5 时，环丙沙星的吸附平衡时间为 30 min；当 pH=11 时，吸附平衡时间变为 60 min。

对不同初始 pH 下环丙沙星在底泥和土壤中的吸附动力学过程采用准二级

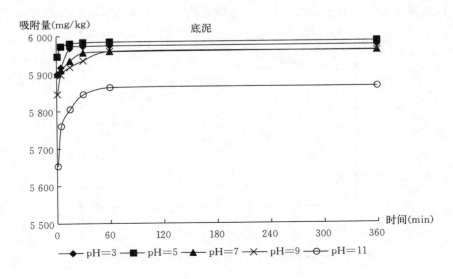

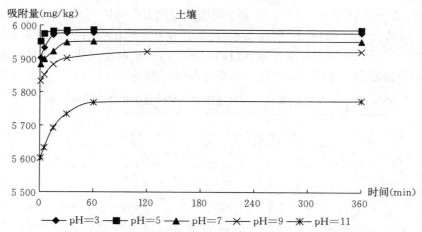

图 6-6　不同初始 pH 下底泥和土壤对环丙沙星的吸附动力学曲线

动力学方程和 Elovich 方程进行数据拟合，拟合参数见表 6-5。从表 6-5 中可见，在不同 pH 下底泥和土壤与吸附活化能有关的吸附速率常数各不相同。在 pH＝5 时，底泥和土壤对环丙沙星的最大吸附量参数 Q_e 和吸附速率参数 k_1 最大。

表 6-5　不同初始 pH 下底泥和土壤对环丙沙星的吸附动力学拟合参数

样品类型	pH	准二级动力学方程			Elovich 方程		
		Q_e	k_1 [kg/(mg·min)]	r	a	b	r
土壤	3	5 967.22	0.013 27	0.816 7**	5 908.08	14.49	0.839 6**
	5	5 983.39	0.025 55	0.989 8**	5 955.80	6.45	0.822 6**
	7	5 948.44	0.018 07	0.743 4**	5 900.69	12.09	0.906 6**
	9	5 941.21	0.009 63	0.890 7**	5 858.30	19.74	0.958 9**
	11	5 842.49	0.004 84	0.931 8**	5 688.79	37.12	0.903 6**
底泥	3	5 973.07	0.013 08	0.932 7**	5 915.71	13.80	0.897 9**
	5	5 985.85	0.028 37	0.988 8**	5 960.67	5.92	0.888 9**
	7	5 940.34	0.015 54	0.834 3**	5 885.69	13.77	0.934 8**
	9	5 902.66	0.012 70	0.832 4**	5 834.39	17.34	0.958 6**
	11	5 727.61	0.018 53	0.852 5**	5 654.89	20.66	0.797 5**

注：** 表示差异极显著。

在不同 pH 情况下，环丙沙星在底泥和土壤中吸附情况用 Langmuir 方程和 Freundlich 方程进行数据拟合，其拟合结果如表 6-6。从表 6-6 中可见，Freundlich 方程的拟合效果比 Langmuir 方程拟合效果好，并且方程中吸附容

量 $\lg K_f$ 和吸附强度 K_L 的数值随 pH 的增加呈先升高后降低趋势，均在 pH＝5 时达到最大。当 pH＝11 时，Langmuir 方程和 Freundlich 方程无法对数据进行拟合，其原因可能是溶液碱性过高，使环丙沙星在底泥和土壤中的吸附过程变得更加复杂，无法单独用某种吸附方程进行描述。

表 6－6　不同初始 pH 下底泥和土壤对环丙沙星的等温吸附拟合参数

样品类型	pH	Langmuir 方程			Freundlich 方程		
		Q_m (mg/kg)	K_L (mg/L)	r	$\lg K_f$	$1/n$	r
底泥	3	7 234.65	5.17	0.935 0**	3.885	0.291	0.909 8**
	5	7 401.69	6.82	0.999 9**	4.298	0.557	0.999 9**
	7	7 107.48	3.60	0.942 2**	3.869	0.364	0.965 9**
	9	6 965.43	3.42	0.982 4**	3.685	0.314	0.984 5**
	11	—	—	—	—	—	—
土壤	3	7 885.65	6.95	0.917 2**	3.976	1.306	0.987 3**
	5	8 075.59	7.65	0.958 3**	4.569	1.500	0.995 1**
	7	7 967.34	7.15	0.980 4**	3.799	1.434	0.988 9**
	9	7 675.15	5.76	0.852 1**	3.531	1.265	0.943 7**
	11	—	—	—	—	—	—

注：** 表示差异极显著。

（五）背景液不同离子强度和离子类型对环丙沙星吸附的影响

底泥中含有各种离子，且施加在岸边土壤中的有机饲料不仅会给土壤带进大量阳离子，而且这些离子也会随地表径流汇入湖泊，最终沉积于底泥中（国彬等，2009）。在不同浓度的电解质溶液（$CaCl_2$）中样品对环丙沙星的吸附情况，如图 6－7 所示。从图 6－7 中可见，在 $CaCl_2$ 浓度为 0.01 mol/L 的条件下，底泥和土壤对环丙沙星的吸附量为 5 962.38 mg/kg 和 5 992.82 mg/kg，占总吸附总量的 99.37％和 99.88％；而 $CaCl_2$ 浓度为 0.2 mol/L 的条件下，环丙沙星的吸附量为 5 684.84 mg/kg 和 5 633.44 mg/kg，占总吸附量的 94.75％和 93.89％。由此可以看出，随钙离子强度的增加，底泥和土壤对环丙沙星的吸附能力逐渐降低，且 Ca^{2+} 浓度对土壤的影响比底泥更大。当环丙沙星的吸附机制以阳离子交换为主时，溶液中其他阳离子会与环丙沙星产生竞争性吸附。因此，随着 Ca^{2+} 浓度的增加，活性吸附位点被 Ca^{2+} 占据的越多，环丙沙星吸附效果降低。当 $CaCl_2$ 浓度为 2.0 mol/L 时，底泥和土壤对环丙沙星的吸附量分别为 3 746.52 mg/kg 和 3 286.63 mg/kg，占吸附总量的 62.45％和 54.78％；此时，底泥和土壤中活性位点达到饱和，Ca^{2+} 和环丙沙星二者间的竞争性吸附逐渐达到平衡，表征环丙沙星在底泥和土壤中的吸附逐渐趋于稳

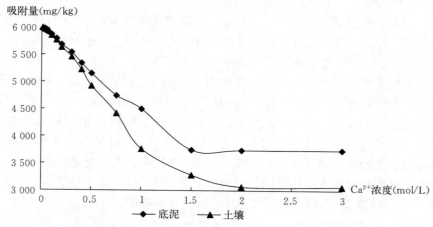

图 6-7　不同 Ca^{2+} 浓度下底泥和土壤对环丙沙星的吸附量

定。Ca^{2+} 浓度对土壤的影响更大，可能是因为土壤中活性位点相对较少，Ca^{2+} 和环丙沙星的竞争吸附更强烈，导致土壤对环丙沙星的吸附效果比底泥更差。这与 Tolls J 等（2001）的研究是相一致的。

　　不同阳离子的存在对环丙沙星的吸附影响存在差异。除以 $CaCl_2$ 配制的背景溶液外，以浓度为 0.01 mol/L 的 NaCl 溶液、KCl 溶液、$MgCl_2$ 溶液、$AlCl_3$ 溶液和 $FeCl_3$ 溶液配制背景溶液，底泥和土壤对环丙沙星的吸附情况，如图 6-8 所示。从图 6-8 中可见，不同阳离子对环丙沙星的吸附情况存在明显差异，底泥和土壤对环丙沙星吸附量 Q 的趋势为：Q（Na^+）$>Q$（K^+）$>$

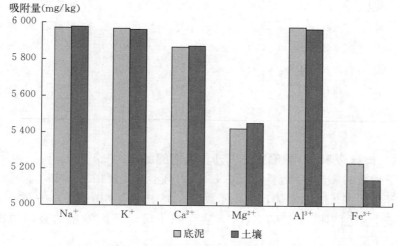

图 6-8　不同阳离子类型对底泥和土壤吸附环丙沙星的影响

Q（Al^{3+}）＞Q（Ca^{2+}）＞Q（Mg^{2+}）＞Q（Fe^{3+}）。背景液中含 Na^+ 时吸附效果最佳，底泥中吸附量为 5 971.17 mg/kg，土壤中吸附量为 5 977.18 mg/kg；当背景液是 Mg^{2+} 时，底泥和土壤中吸附量分别是 5 422.68 mg/kg 和 5 453.64 mg/kg，吸附量降低了 9.14% 和 8.73%。

不同阳离子类型对环丙沙星的吸附用 Langmuir 方程和 Freundlich 方程进行拟合，拟合参数见表 6-7 所示。从表 6-7 可见，Freundlich 方程拟合效果更佳，除 Al^{3+} 之外，环丙沙星在样品中吸附 lgK_f 值的变化趋势基本如下：M^+（Na^+、K^+）＞M^{2+}（Ca^{2+}、Mg^{2+}）＞M^{3+}（Fe^{3+}）。可见阳离子价态越高，竞争吸附位点的能力越强，环丙沙星在底泥和土壤中的吸附量逐渐减少。此外，由于环丙沙星中含—F 基团，导致其与溶液中 Al^{3+} 发生络合反应，从而使 Al^{3+} 的活性降低，减轻 Al^{3+} 和环丙沙星的竞争吸附，进而导致环丙沙星吸附量升高（杨杰文，2002）。

表 6-7　不同阳离子类型下底泥和土壤对环丙沙星的等温吸附拟合参数

样品类型	离子类型	Langmuir 方程			Freundlich 方程		
		Q_m (mg/kg)	K_L (mg/L)	r	lgK_f	$1/n$	r
底泥	Na^+	8 765.59	8.59	0.981 5**	3.805	0.614	0.975 1**
	K^+	8 667.79	8.15	0.930 5**	3.718	1.365	0.980 4**
	Ca^{2+}	7 995.34	7.43	0.918 4**	3.657	1.409	0.974 1**
	Mg^{2+}	7 180.58	6.95	0.930 1**	3.598	0.507	0.912 1**
	Al^{3+}	8 559.16	7.69	0.932 8**	3.911	1.204	0.957 1**
	Fe^{3+}	6 934.57	6.75	0.913 4**	3.534	0.797	0.931 4**
土壤	Na^+	8 875.59	8.65	0.996 7**	3.795	0.988	0.996 7**
	K^+	8 667.75	8.34	0.947 2**	3.846	1.323	0.975 4**
	Ca^{2+}	7 675.15	7.79	0.989 9**	3.641	0.952	0.990 2**
	Mg^{2+}	7 229.34	7.02	0.939 2**	3.601	0.485	0.924 8**
	Al^{3+}	8 189.65	7.95	0.957 8**	3.834	1.396	0.995 2**
	Fe^{3+}	6 759.65	6.69	0.925 7**	3.522	0.290	0.954 3**

注：** 表示差异极显著。

（六）背景液 N、P 含量对环丙沙星吸附的影响

由于化肥的广泛使用，使大量 N、P 肥料不仅残留在土壤中，而且通过地表径流等作用进入湖库水体，沉积于湖库底泥中，从而造成非点源污染。在电解质溶液中添加不同含量的 N、P，底泥和土壤对环丙沙星的吸附情况，如图 6-9 所示。

从图 6-9 中可见，N、P 含量的增加有利于底泥对环丙沙星的吸附，但对

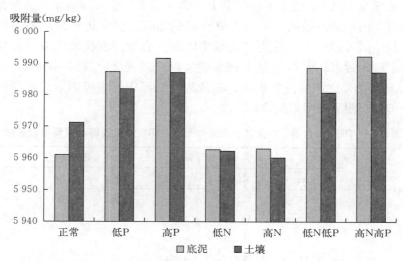

图 6-9　不同 N、P 含量下底泥和土壤对环丙沙星的吸附量

于土壤而言，N 含量的增加会抑制土壤对环丙沙星的吸附。P 含量的升高对环丙沙星吸附的促进效果比较明显，在低 P 含量的条件下（0.5 mol/L），底泥对环丙沙星的吸附量增加 26.36 mg/kg，土壤对环丙沙星的吸附量增加了 10.78 mg/kg；在高 P 含量条件下（5 mol/L），底泥对环丙沙星的吸附量增加了 30.60 mg/kg，土壤对环丙沙星的吸附量增加了 15.96 mg/kg。相同条件下，P 含量对底泥的影响比对土壤大，这可能是由于样品本身差异导致的。N 含量的添加对环丙沙星在底泥中的吸附有促进效果，但效果不如 P 明显，并且会抑制环丙沙星在土壤中的吸附。在低 N 含量的条件下（1 mol/L），底泥中的吸附量仅增加了 1.71 mg/kg，而土壤吸附量减少了 8.89 mg/kg；在高 N 含量的条件下（10 mol/L），底泥吸附量增加 2.02 mg/kg，土壤吸附量减少 10.96 mg/kg。添加 N、P 混合溶液，同样会对促进环丙沙星的吸附，环丙沙星的吸附量也随 N、P 含量的增加而增加。

　　对不同 N 含量、P 含量下环丙沙星在底泥和土壤中吸附情况用 Langmuir 方程和 Freundlich 方程进行数据拟合，其拟合结果见表 6-8 所示。从表 6-8 中可见，在不同 N 含量、P 含量下，底泥和土壤对环丙沙星的吸附情况均符合 Langmuir 方程和 Freundlich 方程，底泥的相关系数 r 为 0.992 7～0.999 7 和 0.975 2～0.999 7，土壤 r 为 0.993 7～0.998 7 和 0.992 7～0.999 0；Freundlich 方程拟合效果更佳，经差异显著性检验，均达到差异极显著水平。由拟合参数 $\lg K_f$ 可知，N 含量、P 含量对环丙沙星在底泥中促进吸附效果强弱顺序为：高 N 高 P＞高 P＞低 N 低 P＞低 P＞高 N＞低 N；在土壤中促进吸附效果强弱顺序为：高 P＞低 P＞高 N 高 P＞低 N 低 P＞低 N 高 N。N 的存在会抑制土壤对环丙沙星的吸附；溶液中 P 含量的增加，会促进样品对环丙沙星的吸附。其原因可能是 P 与底泥和土壤中的某些官能团或腐殖质发生反应，从而加强了吸附效果；而 N 无法与样品发生反应，或反应效果不明显，从而引发 N 和环丙沙星之间的竞争吸附，表征为在底泥中促进吸附效果不明显，在土壤中抑制吸附导致吸附量降低。

表 6-8　不同 N 含量、P 含量下底泥和土壤对环丙沙星的等温吸附拟合参数

样品类型	含量	Langmuir 方程			Freundlich 方程		
		Q_m (mg/kg)	K_L (mg/L)	r	lgK_f	1/n	r
底泥	低 P	8 126.63	12.65	0.986 1**	3.909	0.824	0.999 7**
	高 P	8 215.34	15.43	0.999 7**	3.989	0.271	0.978 9**
	低 N	7 496.69	9.76	0.990 6**	3.868	0.521	0.995 1**
	高 N	7 671.11	9.55	0.974 1**	3.885	0.889	0.975 2**
	低 N 低 P	8 189.66	13.34	0.973 3**	3.965	0.661	0.989 8**
	高 N 高 P	8 301.98	16.70	0.972 9**	3.969	0.227	0.995 3**
土壤	低 P	8 865.65	15.59	0.998 1**	4.001	0.505	0.997 5**
	高 P	8 959.76	15.76	0.998 7**	4.158	0.653	0.998 7**
	低 N	6 877.53	7.79	0.993 9**	3.837	0.524	0.992 7**
	高 N	6 849.13	7.65	0.993 7**	3.835	0.591	0.994 2**
	低 N 低 P	8 567.69	14.69	0.998 6**	4.074	0.722	0.999 0**
	高 N 高 P	8 770.32	14.43	0.996 7**	4.233	0.761	0.998 9**

注：** 表示差异极显著。

第三节　底泥和土壤对环丙沙星解吸特性研究

一、试验方案

（一）环丙沙星的解吸等温试验

分别称取经 100 目滤网过滤后的底泥和土壤样品（0.500 0±0.000 5）g 放于 50 mL 聚乙烯离心管中，加入 25 mL 初始浓度为 100 mg/L、110 mg/L、120 mg/L、130 mg/L、140 mg/L 的环丙沙星溶液，置于 25 ℃恒温振荡至吸附平衡后，离心弃去上清液，加入 25 mL 背景溶液，振荡 24 h 后，于 4 000 r/min 离心 10 min，上清液过 0.45 μm 滤膜，测定环丙沙星的浓度。

（二）环丙沙星的解吸动力学试验

分别称取经 100 目滤网过滤后的底泥和土壤样品（0.500 0±0.000 5）g

放于 50 mL 聚乙烯离心管中，加入初始浓度为 120 mg/L 的环丙沙星溶液 25 mL。在 25 ℃下，恒温、避光振荡至平衡，离心弃去上清液，加入 25 mL 背景溶液，分别振荡 1 min、5 min、10 min、30 min、1 h、2 h、4 h、8 h、12 h、24 h 后取样，取上清液经 0.45 μm 滤膜过滤后，测定环丙沙星的浓度。

（三）环丙沙星的解吸热力学试验

参照环丙沙星解吸等温试验中的试验方法，配置 5 组初始浓度为 100 mg/L、110 mg/L、120 mg/L、130 mg/L、140 mg/L 的 25 mL 环丙沙星溶液，均放置于 25 ℃恒温、避光条件下振荡至吸附平衡，离心弃去上清液，加入 25 mL 背景溶液，分别置于 15 ℃、20 ℃、25 ℃、30 ℃、35 ℃环境中振荡至解吸平衡，于 4 000 r/min 离心 10 min，取上清液经 0.45 μm 滤膜过滤后，测定环丙沙星的浓度。

（四）不同影响因素对环丙沙星解吸行为的影响

1. 背景液不同 pH 对环丙沙星解吸行为的影响 称取底泥和土壤样品（0.500 0±0.000 5）g，加入初始浓度为 100 mg/L、110 mg/L、120 mg/L、130 mg/L、140 mg/L、150 mg/L 的环丙沙星溶液 25 mL，于 25 ℃恒温、避光条件下振荡至吸附平衡，离心弃去上清液，再分别加入 pH 为 3、5、7、9、11 的背景液 25 mL，参照环丙沙星解吸等温试验中的试验方法重复操作。

2. 离子强度对环丙沙星解吸行为的影响 称取底泥和土壤样品（0.500 0±0.000 5）g，加入初始浓度为 120 mg/L 的环丙沙星溶液 25 mL，振荡平衡后，离心，去除上清液，加入 25 mL 不同浓度的 $CaCl_2$ 电解质溶液，使 $CaCl_2$ 浓度为 0.01 mol/L、0.05 mol/L、0.1 mol/L、0.15 mol/L、0.2 mol/L、0.5 mol/L、1 mol/L、1.5 mol/L 和 2 mol/L，在 25 ℃下，恒温、避光振荡至平衡，离心、过滤，测定环丙沙星的浓度。

3. 离子类型对环丙沙星解吸行为的影响 称取底泥和土壤样品（0.500 0±0.000 5）g，加入初始浓度为 100 mg/L、110 mg/L、120 mg/L、125 mg/L、130 mg/L、140 mg/L 的环丙沙星溶液 25 mL，振荡平衡后，离心，去除上清液，加入 25 mL 用 KCl、NaCl、$MgCl_2$、$AlCl_3$、$FeCl_3$ 代替 $CaCl_2$ 配制新的背景溶液，参照环丙沙星解吸等温试验中的试验方法重复进行操作。

4. 不同 N、P 含量对环丙沙星解吸行为的影响 称取底泥和土壤样品（0.500 0±0.000 5）g，加入初始浓度为 100 mg/L、110 mg/L、120 mg/L、125 mg/L、130 mg/L、140 mg/L 的环丙沙星溶液 25 mL，振荡平衡后，离心，去除上清液，加入 25 mL 含不同 N、P 含量的背景溶液使得背景溶液中 N、P 的含量分别为①N 为 1 mg/L、P 为 0 mg/L，②N 为 10 mg/L、P 为 0 mg/L，③N 为 0 mg/L、P 为 0.5 mg/L，④N 为 0 mg/L、P 为 5 mg/L，⑤N 为 1 mg/L、P 为 0.5 mg/L，⑥N 为 10 mg/L、P 为 5 mg/L。参照环丙沙

星解吸等温试验中的方法，对 6 组试验进行重复操作。

二、结果与分析

（一）环丙沙星的解吸等温线

底泥和土壤对环丙沙星的解吸等温线如图 6 - 10 所示。从图 6 - 10 中可见，随环丙沙星初始浓度的增加，环丙沙星的解吸量也随之增加，且土壤的解吸量大于底泥解吸量。当环丙沙星的初始浓度为 100 mg/L 时，底泥对环丙沙星的解吸量为 30.27 mg/kg，占总量的 0.61％；土壤解吸量是 41.44 mg/kg，占总量的 0.83％。初始浓度为 150 mg/L 时，底泥对环丙沙星的解吸量为 61.15 mg/kg，占总量的 0.82％；土壤解吸量是 62.81 mg/kg，占总量的 0.84％。由此可知，随初始浓度的增加，在底泥中环丙沙星的解吸量和解吸率均增加，而在土壤中环丙沙星解吸量增加，解吸率变化不大。

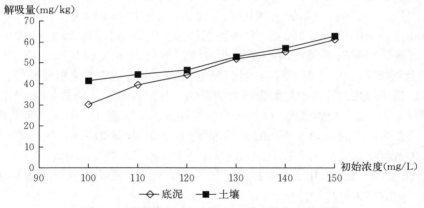

图 6 - 10　环丙沙星在底泥和土壤中的解吸等温线

环丙沙星在底泥和土壤中不易被解吸，解吸行为存在滞后现象。滞后性越强，表明已吸附的污染物越难被释放，而解吸的难易程度直接影响样品中污染物的固定效果和环境风险（张旭等，2014）。Huang W 等（1997）定义了滞后系数 HI（hysteresis index），当 HI＜0.7 时，解吸速率小于吸附速率，为正滞后作用；当 0.7≤HI≤1.0 时，表明解吸速率和吸附速率类似，吸附和解吸等温线重合，无滞后现象；当 HI＞1.0 时，表明为负滞后现象。

根据吸附、解吸数据计算 25 ℃时，不同初始浓度下，环丙沙星在底泥和土壤中的滞后系数，结果如表 6 - 9 所示。从表 6 - 9 可见，环丙沙星在底泥和土壤中的滞后系数均小于 0.7，说明环丙沙星在样品中的解吸速率小于吸附速率，为正滞后作用。在样品类型中，滞后系数随环丙沙星初始浓度的增加而增大；在相同的初始浓度下，底泥的滞后系数大于土壤，说明底泥的滞后现象比土壤明显。样品性质的不同可能会导致解吸滞后现象出现明显差异（许晓伟，2011），这种差异是由于样品中的有机质、黏粒等组分能对环丙沙星产生强烈的吸附，使环丙沙星进入到黏粒的层间结构中，因此，解吸时处于层间结构中的环丙沙星很难被释放出来，从而产生较强的解吸滞后性（鲍艳宇等，2010）。由于解吸滞后性存在，会导致环丙沙星在环境中的长期积累，从而造成环境风险，影响环境安全。

表 6-9 环丙沙星在不同初始浓度下解吸滞后系数 HI

初始浓度（mg/L）	滞后系数 HI	
	底泥	土壤
100	0.003 539	0.001 531
110	0.003 855	0.001 694
120	0.003 931	0.001 758
130	0.004 043	0.001 858
140	0.004 234	0.001 914
150	0.004 365	0.001 922
平均 HI	0.003 995	0.001 779

（二）环丙沙星的解吸动力学

环丙沙星在底泥和土壤中的解吸动力学曲线如图 6-11 所示。从图 6-11 可见，在解吸过程初始阶段，环丙沙星从样品中快速释放出来，60 min 时环丙沙星在底泥和土壤中的解吸量分别是 39.98 mg/kg 和 46.39 mg/kg，占解吸

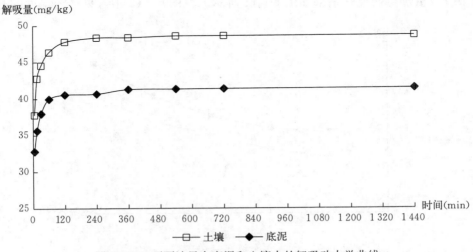

图 6-11 环丙沙星在底泥和土壤中的解吸动力学曲线

饱和量的 96.38% 和 95.32%，之后随时间的增加，解吸量增长缓慢，最后逐渐达到平衡；解吸过程同样经历了快速解吸阶段和慢速平衡阶段。与吸附过程相比，解吸量远远小于吸附量，说明底泥和土壤对环丙沙星的吸附能力很强且不易被解吸。研究发现，样品性质和组成的差异会导致解吸量不同，土壤的解吸量大于底泥，底泥对环丙沙星的吸附能力更强。

分别用准二级动力学方程和 Elovich 方程对环丙沙星的解吸过程进行拟合，拟合参数如表 6-10 所示。从表 6-10 可见，准二级动力学方程和 Elovich 方程对环丙沙星解吸动力学拟合相关系数 r 都能达到 0.900 0 以上，说明两者对环丙沙星的解吸过程均有较好的拟合性。准二级动力学方程拟合效果更佳，在底泥和土壤中吸附速率常数 k_1 分别为 1.672×10^{-2} kg/(mg·min) 和 1.352×10^{-2} kg/(mg·min)，土壤的吸附速率常数较低，其原因可能是土壤的吸附能力较底泥弱，故而达到解吸平衡的时间更长。

表 6-10　环丙沙星在底泥和土壤中解吸动力学拟合参数

样品类型	准二级动力学方程			Elovich 方程		
	Q_e	k_1[kg/(mg·min)]	r	a	b	r
底泥	40.99	1.672×10^{-2}	0.969 1**	32.14	1.49	0.941 9**
土壤	48.96	1.352×10^{-2}	0.983 7**	37.61	1.78	0.936 2**

注：** 表示差异极显著。

（三）环丙沙星的解吸热力学

分别在 15 ℃、20 ℃、25 ℃、30 ℃和 35 ℃下，对环丙沙星在底泥和土壤中解吸量进行研究，结果如图 6-12 所示。从图 6-12 中可见，随温度的升

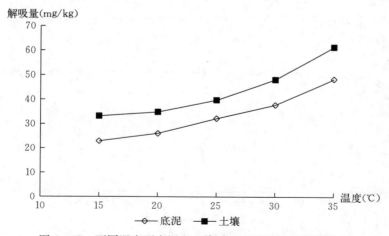

图 6-12　不同温度下底泥和土壤对环丙沙星解吸量的影响

高，底泥和土壤对环丙沙星的解吸量逐渐增大。在 15 ℃时，环丙沙星在底泥中的解吸量为 29.95 mg/kg，在土壤中解吸量为 33.17 mg/kg；在 35 ℃时，在底泥和土壤中的解吸量分别为 48.36 mg/kg 和 61.42 mg/kg。经研究发现，温度每升高 5 ℃，环丙沙星的解吸平衡量增加 10%～25%。由此可见，温度对环丙沙星的解吸过程有很大影响，且环丙沙星在土壤中的解吸量比底泥高。这是因为环丙沙星的解吸过程是一个弱的吸热反应，温度升高会促进环丙沙星的解吸；同时，随温度的升高，可能导致样品颗粒间距增大，从而提高解吸量。

（四）背景液不同 pH 对环丙沙星的解吸特性

研究 pH 分别为 3、5、7、9、11 时，环丙沙星在底泥和土壤中的解吸量如图 6-13 所示。从图 6-13 可见，环丙沙星在底泥和土壤中的解吸量随溶液 pH 的升高而增加，pH＝3 时，解吸量最低，分别为 7.55 mg/kg 和 15.75 mg/kg；在 pH＝11 时，解吸量最高，分别是 140.43 mg/kg 和 171.36 mg/kg。pH 对环丙沙星的解吸行为影响显著，当 pH＜9 时，随 pH 的变化，解吸量的变化为 1.80～34.55 mg/kg；当 pH＞9 时，解吸变化量高达 89.44～112.01 mg/kg；pH＝11 时，解吸量比 pH＝3 时升高了 1 760% 和 988%，所以强碱条件有利于环丙沙星在底泥和土壤中的解吸，且土壤的解吸量大于底泥高。

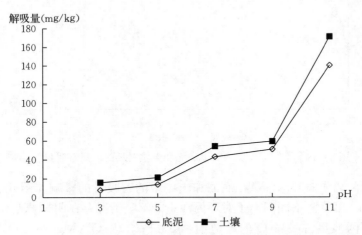

图 6-13　不同 pH 下底泥和土壤对环丙沙星解吸量的影响

研究发现（张琴等，2011），在酸性条件下（pH＜7），底泥和土壤样品表面主要以负电荷为主，环丙沙星的—NH_3 与 H^+ 结合而呈 $CIPH_2^+$ 形态，此时吸附力最强，环丙沙星不易被解吸释放；在 pH＝7～9 时，环丙沙星呈 $CIPH^±$ 形态，虽然此时环丙沙星仍可以通过阳离子交换的方式与底泥和土壤相互结合，但吸附能力比酸性条件下稍弱，环丙沙星解吸量增加；当 pH＞9 时，环丙沙星的—COOH 与 OH⁻ 结合而呈 CIP⁻ 形态，底泥和土壤的吸附能力严重下降，解吸量明显增多。

（五）不同离子强度和离子类型对环丙沙星解吸的影响

不同 $CaCl_2$ 浓度对环丙沙星在样品中解吸行为的影响，如图 6-14 所示。从图 6-14 可见，随着 $CaCl_2$ 浓度的增加，环丙沙星的解吸量也随之增加。在 $CaCl_2$ 浓度小于 0.2 mol/L 时，解吸量上升趋势较为明显。在 $CaCl_2$ 浓度为 0.01 mol/L 的条件下，环丙沙星在底泥和土壤中的解吸量分别为 44.19 mg/kg 和 46.49 mg/kg；$CaCl_2$ 浓度为 0.2 mol/L 时，解吸量分别为 87.80 mg/kg 和 92.95 mg/kg，解吸量分别上升了 98.69% 和 99.94%；但当 $CaCl_2$ 浓度大于 0.5 mol/L 时，环丙沙星的解吸量均约为 97.95 mg/kg 和 105.75 mg/kg。可见，随 $CaCl_2$ 浓度的升高，其对环丙沙星解吸过程的促进效果逐渐降低，最终趋于零；当环丙沙星解吸量趋于平衡状态后，再增大 $CaCl_2$ 浓度对环丙沙星的解吸量没有影响。

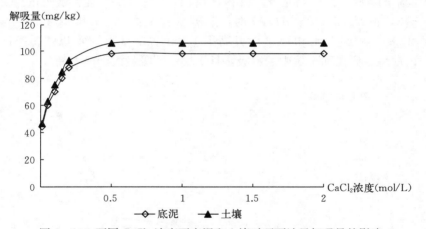

图 6-14 不同 $CaCl_2$ 浓度下底泥和土壤对环丙沙星解吸量的影响

不同阳离子对环丙沙星在底泥和土壤中的解吸量的影响如图 6-15 所示。从图 6-15 可见，不同阳离子对环丙沙星的解吸情况存在明显着差异，底泥和土壤对环丙沙星解吸量 Q 的趋势为：Q（Fe^{3+}）＞Q（Mg^{2+}）＞Q（Ca^{2+}）＞Q（Na^+）＞Q（K^+）＞Q（Al^{3+}）。当电解质溶液为 $FeCl_3$ 时，解吸效果最佳，底泥中解吸量为 75.57 mg/kg，土壤中解吸量为 88.30 mg/kg；电解质溶液为 $MgCl_2$ 时，底泥和土壤解吸量分别是 49.61 mg/kg 和 56.08 mg/kg，解吸率下降了 34.34% 和 36.49%。除 Al^{3+} 之外，解吸量变化趋势为：Q^{3+}（Fe^{3+}）＞Q^{2+}（Ca^{2+}、Mg^{2+}）＞Q^+（Na^+、K^+）。可见阳离子价态越高，其正电荷量越多，从而阳离子交换能力越强，导致环丙沙星解吸量越多（Zhang H,

2007；鲍艳宇，2009）。而 Al^{3+} 的存在，可能和环丙沙星中—F 基团发生络合反应或和样品中某种物质发生反应，使得样品与环丙沙星结合更为稳定，难以解吸，解吸量仅为 3.4 mg/kg 左右。

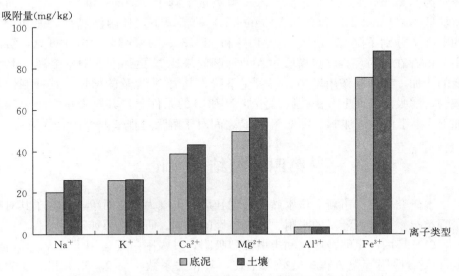

图 6-15　不同离子类型底泥和土壤对环丙沙星解吸量的影响

（六）背景液不同 N、P 含量对环丙沙星解吸的影响

溶液中不同 N、P 含量对环丙沙星在底泥和土壤中解吸量如图 6-16 所示。从图 6-16 中可见，随着 N、P 含量的增加，均不利于环丙沙星的解吸。

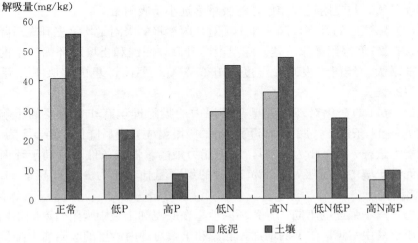

图 6-16　不同 N 含量、P 含量对环丙沙星解吸量的影响

在不含 N、P 的溶液中，环丙沙星在底泥和土壤中解吸量分别为 40.66 mg/kg 和 55.46 mg/kg；在低 P 条件下（0.5 mol/L），解吸量为 14.72 mg/kg 和 23.23 mg/kg，解吸量下降 63.79% 和 64.27%；在高 P 条件下（5 mol/L），解吸量为 5.26 mg/kg 和 8.46 mg/kg，解吸量下降了 87.06% 和 84.82%；而在添加低 N（1 mol/L）和高 N（10 mol/L）的情况下，环丙沙星在底泥和土壤的解吸量分别下降 27.77%、19.13% 和 11.78%、14.43%。由此可见，溶液中 P 的存在，对环丙沙星解吸过程的抑制效果比 N 更强烈。随着溶液中 P 含量的增加，其抑制作用增强，解吸量下降；随着 N 含量的增加，其抑制作用减弱，解吸量反而上升。在同时添加 N 和 P 的条件下，其解吸量大于单独添加 P，小于单独添加 N，可见 N 和 P 之间对于解吸过程来说存在竞争关系。

第四节 结 论

本研究以长春市新立城水库中底泥和周边土壤为研究对象，探究了其对喹诺酮类抗生素环丙沙星的吸附、解吸特性的影响。研究结果如下。

（1）环丙沙星能被底泥和土壤强烈吸附，其吸附过程运用 Herry - Freundlich 复合吸附等温方程拟合效果最佳，其相关系数 r 为 0.992 7 和 0.982 7，达到差异极显著水平。环丙沙星在底泥和土壤中存在解吸滞后现象，并且在底泥中解吸滞后现象更明显。

（2）环丙沙星在底泥和土壤中的吸附过程包括快速吸附和慢速平衡阶段，在 2 h 内基本吸附平衡，环丙沙星在底泥中的吸附比例随初始浓度的增加而下降，在土壤中随初始浓度的增加而上升。环丙沙星在底泥和土壤中 5 h 基本达到解吸平衡，与吸附过程相比，解吸量远远小于吸附量。

（3）随温度的升高，底泥和土壤对环丙沙星的吸附量均呈先升高后降低的趋势，在 25 ℃吸附效果最佳。随温度的升高，底泥和土壤对环丙沙星的解吸量逐渐增大，经研究发现，温度每升高 5 ℃，环丙沙星的解吸平衡量增加 10%～25%。

（4）pH 的变化对环丙沙星在底泥中的吸附过程有非常重要的影响。在 pH 为 3～11 条件下，底泥对环丙沙星的吸附量先升高后降低。当 pH 为 5 时，吸附能力最强；当 pH 为 11 时，吸附能力最弱。强碱条件下有利于环丙沙星在底泥和土壤中的解吸，pH 为 11 时的解吸量比 pH 为 3 时升高了 1 760% 和 988%。

（5）离子强度的不同，导致环丙沙星在底泥和土壤中吸附效果的不同。随电解质溶液中 $CaCl_2$ 浓度的增加，底泥和土壤对环丙沙星的吸附能力降低，吸附量减少，解吸量随之增加；当 $CaCl_2$ 浓度大于 0.5 mol/L 时，再增大 $CaCl_2$

浓度底泥和土壤对环丙沙星的解吸量基本没有影响。不同阳离子对环丙沙星的吸附解吸情况存在明显差异，除 Al^{3+} 之外，阳离子价态越高，环丙沙星吸附量越低，解吸量越高。

（6）溶液中 N、P 含量的不同也会对环丙沙星的吸附和解吸过程造成微弱影响。N、P 含量的增加均有利于样品对环丙沙星的吸附，但促进效果随 N、P 含量的升高而降低。对解吸过程而言，N、P 的添加均会抑制环丙沙星在样品中解吸行为，但随 N、P 含量的升高，抑制效果逐渐降低，解吸量升高。

第七章

湖库底泥和土壤对抗生素恩诺沙星吸附、解吸特性的研究

第一节 概 述

一、恩诺沙星简介

恩诺沙星（Enrofloxacin）又名恩氟喹啉羧酸，属于喹诺酮类抗生素的一种，具有抗菌谱广、活性强、低毒、高效等特点；恩诺沙星为淡黄色或微黄色结晶性粉末，易溶于强碱性无机溶剂和大多数有机溶剂，不溶于水（何英等，2018）。恩诺沙星对多种细菌具有杀灭作用，是畜禽养殖业中应用较为广泛

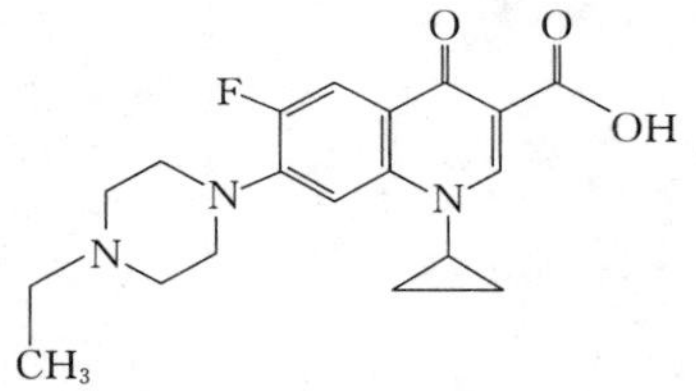

图 7-1 恩诺沙星分子结构式

的动物医学药品。恩诺沙星基本结构是二氢吡啶酮，并含有哌嗪基和羧基，其分子结构式见图 7-1。

二、恩诺沙星污染现状

自然水环境中抗生素的主要来源于制药厂生产废水和各类养殖场畜禽粪便。恩诺沙星作为一种广谱高效的抗菌药物，已被广泛应用于畜禽养殖和水生动物的疾病治疗。He W 等（2012）的研究表明，水产养殖是氟喹诺酮类药物进入水体环境的重要方式之一，有 $10\%\sim40\%$ 的喹诺酮类药物以母体的形式直接进入水体。恩诺沙星通过各种途径进入到水体、土壤等循环系统中，会对生态系统造成严重影响，天然水体中恩诺沙星的浓度已达到可检出的水平（丁惠君等，2017）。低浓度的恩诺沙星长期暴露在环境中，会抑制微生物的生长，也会使人体对细菌抗药性增强（Spodniewska A，2016）。环境中恩诺沙星的来源及迁移途径如图 7-2 所示。

研究表明，国内外许多河流和污水处理厂均有恩诺沙星的高含量检出。美

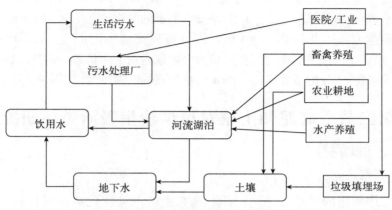

图 7-2　恩诺沙星的来源及迁移途径

国每年抗生素的使用量约 2.3 万 t，其中 1.3 万 t 用于养殖业（Stockwell V O，2012），美国的地表水中恩诺沙星等喹诺酮类抗生素的检出量达到 0.12 $\mu g/L$。中国作为全世界最大的药品生产和消费国，每年消费约 9 万 t 抗生素，且数量还在持续增长（袁端端，2015）。被有效利用的抗生素中，52％用于兽药，48％用于人类；此外，超过 5 万 t 过期抗生素被人们直接废弃，进入了水环境和土壤环境中（Xie W Y，2017；Samanidou V F，2015）。

抗生素污染物检测的浓度很小，但对环境和人体的潜在影响仍然受到关注。环境中的恩诺沙星等抗生素在与其他药物产生协同作用时，会大大增加污染药物对环境的危害程度。恩诺沙星在世界范围内的大量使用也带来了诸多问题。例如，在养殖业中，恩诺沙星作为兽药被添加在动物饲料中达到杀菌作用，长期使用该药导致动物体内有大量的药物残留。郝勤伟等（2017）研究发现水产养殖动物的肝脏和肌肉中均有高含量的恩诺沙星等多种畜禽用抗生素。动物体内药物的残留不仅会致使抗性菌株的产生，使药性变差甚至变得无效，产生的耐药菌株还会经过自然循环和生物链富集等，致使某些"超级细菌"的产生，进而对人类健康产生潜在的威胁。

三、恩诺沙星吸附、解吸的研究现状

由于环境中存在的对流和扩散作用，被排放的抗生素经过横向或纵向混合进入到自然环境中。在混合和运输过程中，抗生素可能被吸附到悬浮物上或堆积到沉积物中，也可能通过悬浮再次回归到水环境中。

吸附与解吸是抗生素在环境中迁移的重要过程，反映了抗生素与土壤、沉积物等物质之间的相互作用（Wang Jiali et al.，2016）。吸附机制主要由阳离子桥接、阳离子交换、表面络合和氢键作用决定（Chen Yuantao，2016），吸附剂对抗生素的吸附能力由水分配系数（Navarro A E et al.，2019）决定，可以用辛醇/水分配系数（K_{ow}）来评价抗生素的吸附亲和力；当 $\log K_{ow} < 2.5$ 时，吸附能力低；当 $\log K_{ow} > 4$ 时，则具有较高的吸附能力（Liu R et al.，2008）。由于小河或溪流中的沉积物和水相很难达到平衡状态，也常用伪分配系数代替沉积物/水分配系数（K_d）来评估抗生素的吸附特性（田家英等，2017）。

第二节　底泥和土壤对恩诺沙星吸附特性研究

一、试验材料

（一）试验药品

实验中使用的恩诺沙星（ENR）购自上海晶纯生化科技股份有限公司，纯度≥98%，相对分子量为 359.40；甲醇为 HPLC 级试剂；其余化学试剂均为分析纯。

（二）色谱条件

高效液相色谱仪（HPLC）配置紫外检测器和 C_{18} 色谱柱（250 mm×4.6 mm），流动相为 $V_{（甲醇）}$ ：$V_{（超纯水，含0.1\%甲酸）}$＝35：65 的混合溶液。流动相流速为 1 mL/min，柱温为 30 ℃，每次进样 20 μL，紫外检测波长为 268 nm，保留时间 10 min。

（三）供试样品

底泥样品：同第二章试验中的底泥 A；土壤样品：同第二章试验中的土壤 C。

二、试验方案

（一）恩诺沙星的吸附等温试验

参照 OECD guideline 106 平衡吸附试验方法进行。分别称取经过 100 目滤网过滤的底泥和土壤样品（0.500 0±0.000 5）g 置于 50 mL 聚乙烯离心管中，加入 25 mL 初始浓度为 100 mg/L、110 mg/L、120 mg/L、125 mg/L、130 mg/L、140 mg/L 的恩诺沙星溶液，电解质为 0.01 mol/L $CaCl_2$；加入 0.01 mol/L 的 NaN_3（抑制细菌活动）。在 25 ℃下，恒温、避光振荡至吸附平衡后，于 4 000 r/min 离心 10 min，上清液过 0.45 μm 滤膜，测定恩诺沙星的浓度。

（二）恩诺沙星的吸附动力学试验

参照恩诺沙星的吸附等温试验中的试验方法，加入含 100 mg/L、120 mg/L、140 mg/L 恩诺沙星的背景溶液，在 25 ℃下，恒温、避光振荡，分别在 30 s、1 min、3 min、5 min、7 min、10 min、15 min、30 min、1 h、2 h、4 h、6 h、

8 h、10 h、12 h、24 h 时取样，于 4 000 r/min 离心 10 min，上清液过 0.45 μm 滤膜，测定恩诺沙星的浓度。

（三）恩诺沙星的吸附热力学试验

参照恩诺沙星的吸附等温试验中的试验方法，配制 5 组含恩诺沙星浓度为 100 mg/L、110 mg/L、120 mg/L、125 mg/L、130 mg/L、140 mg/L 的 25 mL 悬浊液，分别置于 15 ℃、20 ℃、25 ℃、30 ℃、35 ℃恒温条件下振荡至吸附平衡，于 4 000 r/min 离心 10 min，取上清液经 0.45 μm 滤膜过滤后，测定恩诺沙星的浓度。

（四）不同影响因素对恩诺沙星吸附行为的影响

1. 背景液不同 pH 对恩诺沙星吸附行为的影响　用 1 mol/L HCl 和 1 mol/L NaOH 溶液调节背景液的 pH，使溶液 pH 分别为 3、5、7、9、11，参照恩诺沙星的吸附等温试验和吸附动力学试验中的试验方法进行试验，取上清液经 0.45 μm 滤膜过滤后，测定恩诺沙星的浓度。

2. 离子强度对恩诺沙星吸附行为的影响　配制不同浓度的 $CaCl_2$ 电解质溶液，使 $CaCl_2$ 浓度为 0.01 mol/L、0.05 mol/L、0.07 mol/L、0.1 mol/L、0.15 mol/L、0.2 mol/L、0.4 mol/L、0.5 mol/L、0.75 mol/L、1 mol/L、1.5 mol/L 和 2 mol/L。加入 120 mg/L 的恩诺沙星，在 25 ℃下，恒温、避光振荡至吸附平衡，离心、取上清液经 0.45 μm 滤膜过滤后，测定恩诺沙星的浓度。

3. 离子类型对恩诺沙星吸附行为的影响　用 KCl、NaCl、$MgCl_2$、$AlCl_3$、$FeCl_3$ 代替 $CaCl_2$ 配制新的背景溶液，参照恩诺沙星的吸附动力学试验中的试验方法重复进行操作，离心、取上清液经 0.45 μm 滤膜过滤后，测定恩诺沙星的浓度。

4. 不同 N、P 含量对恩诺沙星吸附行为的影响　在电解质溶液中，添加 N、P（由 NH_4Cl 和 KH_2PO_4 配制），使得溶液中 N、P 的含量分别为①N 为 1 mg/L、P 为 0 mg/L，②N 为 10 mg/L、P 为 0 mg/L，③N 为 0 mg/L、P 为 0.5 mg/L，④N 为 0 mg/L、P 为 5 mg/L，⑤N 为 1 mg/L、P 为 0.5 mg/L，⑥N 为 10 mg/L、P 为 5 mg/L。参照恩诺沙星的吸附动力学试验中的方法，对 6 组试验进行重复操作，离心、取上清液经 0.45 μm 滤膜过滤后，测定恩诺沙星的浓度。

三、结果与分析

（一）恩诺沙星的吸附等温线

底泥和土壤样品对恩诺沙星的等温吸附如图 7-3、图 7-4 所示。从图 7-3 和图 7-4 所见，底泥的平衡吸附浓度为 0.579 6 mg/L，平衡吸附量为

7 471.15 mg/kg。土壤的平衡吸附浓度是 0.581 8 mg/L，平衡吸附量为 7 470.91 mg/kg。可见底泥对恩诺沙星的吸附效果好于土壤。

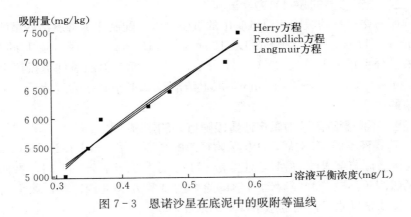

图 7-3　恩诺沙星在底泥中的吸附等温线

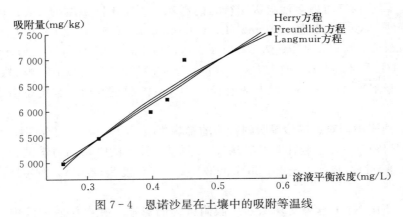

图 7-4　恩诺沙星在土壤中的吸附等温线

　　不同的吸附等温模型可以描述样品对污染物的吸附过程。底泥和土壤对恩诺沙星的吸附等温线采用 Herry 线性方程、Langmuir 方程和 Freundlich 方程拟合，拟合参数如表 7-1 所示。从表 7-1 中可见，底泥和土壤对恩诺沙星的吸附通过 Langmuir 方程、Freundlich 方程和 Herry 方程吸附等温线拟合，拟合方程的相关系数 r 分别为 0.981 6、0.985 8、0.979 0 和 0.977 1、0.978 2、0.975 9，对其进行差异显著性检验，均达到差异极显著水平，说明 3 种吸附等温方程的拟合效果均很好，且 Freundlich 方程拟合效果最佳。从 Freundlich 方程可知，土壤对恩诺沙星的吸附容量 K_f（土壤）$<K_f$（底泥），与 Langmuir 方程拟合的最大吸附量 Q_m 相符，说明底泥比土壤能吸附更多的恩诺沙星，这与底泥和土壤中有机质含量有关。在 Freundlich 方程中，样品对恩诺沙星吸附的 $1/n<1$；所以，底泥和土壤的吸附等温线属 L 形。这表明在等温

吸附的初始阶段样品和恩诺沙星之间的亲和力较强，即吸附比例随恩诺沙星浓度的增加而减少。

表 7-1　恩诺沙星在底泥和土壤中等温吸附方程参数

样品类型	Langmuir 方程			Freundlich 方程			Herry 线性方程		
	Q_m (mg/kg)	K_L (mg/L)	r	$\lg K_f$	$1/n$	r	K_d	m	r
底泥	14 287.65	1.80	0.981 6**	4.034	0.561	0.985 8**	8 006.98	2 718.76	0.979 0**
土壤	13 275.91	2.22	0.977 1**	3.998	0.471	0.978 2**	8 083.30	2 909.21	0.975 9**

注：** 表示差异极显著。

　　底泥和土壤中存在多种吸附物对恩诺沙星进行吸附，吸附过程可能是不同吸附物的不同类型的吸附等温线的叠加。所以，将 Herry 方程分别和 Freundlich 方程和 Langmuir 方程结合后对等温吸附过程进行拟合，拟合参数见表 7-2。从表 7-2 中可见，运用复合吸附等温方程拟合样品对恩诺沙星的吸附过程，其相关系数 r 分别为 0.976 9、0.974 8 和 0.970 5、0.970 8，对其进行差异显著性检验，均达到差异极显著水平。但 Herry - Freundlich 复合方程中拟合参数 K_d 值为负，不符合实际情况，故舍去。由于 Herry - Langmuir 方程的相关系数更高，说明底泥和土壤对恩诺沙星的吸附包含了 2 个吸附过程，即能快速吸收恩诺沙星的吸附过程和因有限的高活性位点而产生的吸附过程。由于恩诺沙星属于离子化有机物，在中性水溶液中以 $ENRH^{\pm}$ 形态存在，可通过静电作用或共价键作用被底泥吸附；而分子中未带电荷的部分，则通过渗透作用进入底泥和土壤的有机物中。这与 Xia G（1999）等的研究结果是一致的，在复合方程拟合中，初始浓度的高低决定了哪一种吸附等温线占主导地位；在低浓度时，主要以 Langmuir 方程拟合的等温线为主；当浓度高时（$K_L C_e > 1$ 时），吸收项占主导地位。

表 7-2　恩诺沙星在底泥和土壤中复合等温吸附方程参数

样品类型	Herry - Langmuir 方程				Herry - Freundlich 方程			
	K_d	K_L	Q_m	r	K_d	$\lg K_f$	$1/n$	r
底泥	856.55	2.02	12 619.69	0.976 9**	1 812.29	3.916	0.50	0.974 8**
土壤	4 756.79	5.49	6 255.85	0.970 5**	−5 316.65	4.179	0.65	0.970 8**

注：** 表示差异极显著。

（二）恩诺沙星的吸附动力学

　　不同初始浓度下，底泥和土壤对恩诺沙星的累积吸附量随时间变化，如图 7-5 所示。从图 7-5 中可见，随着恩诺沙星初始浓度的升高，底泥对恩诺沙星的吸附量均比土壤高。在初始浓度分别为 100 mg/L、120 mg/L、

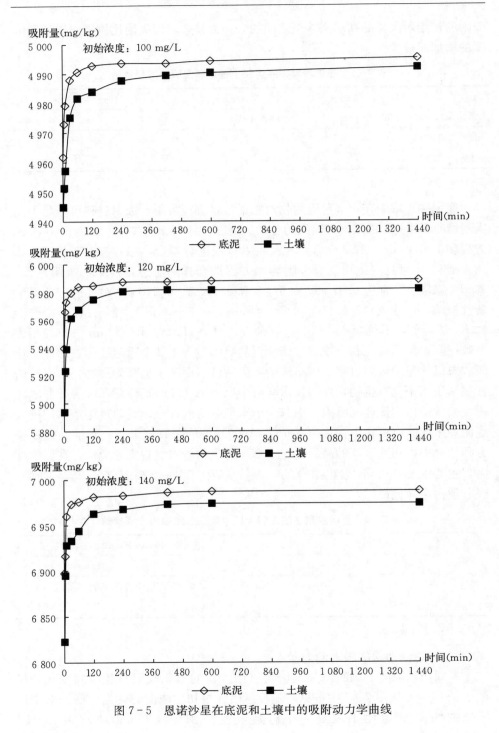

图 7-5　恩诺沙星在底泥和土壤中的吸附动力学曲线

140 mg/L 时，恩诺沙星在底泥中的吸附量分别占初始加入量的 99.90%、99.80%、99.72%，在土壤中吸附量占 99.84%、99.69%、99.43%。

底泥和土壤对恩诺沙星的吸附过程分为快速吸附阶段和慢速平衡阶段。在吸附初始，恩诺沙星与样品中暴露在外表面的官能团结合，吸附速率很快，但当外表面吸附点位达到饱和后，恩诺沙星只能进入样品颗粒内部空隙中，在颗粒的内表面进行吸附（吴银宝等，2005）。当样品的吸附点位都被恩诺沙星占据时，吸附达到饱和，吸附速率为零，此时溶液中恩诺沙星的浓度不再发生变化。在整个吸附过程里，0～60 min 底泥和土壤对恩诺沙星的吸附量增长最快；此后进入慢速平衡阶段，在 6 h 时达到吸附平衡（鲍艳宇，2008）。

对恩诺沙星在底泥和土壤中的吸附动力学过程分别使用准二级动力学方程和 Elovich 方程进行数据分析，拟合参数见表 7-3。从表 7-3 中可见，在底泥和土壤中准二级动力学方程拟合恩诺沙星吸附的效果最佳，随恩诺沙星初始浓度的增加吸附速率常数 k_1 而降低，在底泥中 k_1 为 3.13×10^{-2} kg/(mg·min)、2.09×10^{-2} kg/(mg·min)、1.10×10^{-2} kg/(mg·min)，在土壤中 k_1 为 2.34×10^{-2} kg/(mg·min)、1.16×10^{-2} kg/(mg·min)、6.84×10^{-3} kg/(mg·min)，相关系数 r 为 $0.8915 \sim 0.9664$，对其进行显著性检验，达到差异极显著水平。用 Elovich 方程拟合吸附过程，可描述恩诺沙星在颗粒内的扩散机制。从表 7-3 的拟合参数可知，在底泥和土壤中随初始浓度的增加，吸附速率系数 b 也随之增加。方程拟合的相关系数 $r < 1$，说明吸附过程不成线性，吸附过程中有多个限速步骤。由于吸附过程发生在多孔介质中，且 Elovich 方程的拟合曲线不经过零点；所以，颗粒内扩散是主要的限速机制，但并不唯一。

表 7-3 恩诺沙星在底泥和土壤中吸附动力学拟合参数

样品类型	浓度 (mg/L)	准二级动力学方程			Elovich 方程		
		Q_e	k_1 [kg/(mg·min)]	r	a	b	r
底泥	100	4 990.46	0.031 31	0.905 8**	4 967.41	4.52	0.950 0**
	120	5 984.28	0.020 96	0.966 4**	5 953.19	5.95	0.920 7**
	140	6 957.02	0.011 09	0.925 9**	6 912.02	12.48	0.892 9**
土壤	100	4 981.03	0.023 35	0.891 5**	4 945.28	7.24	0.799 7**
	120	5 970.22	0.011 60	0.896 1**	5 906.99	12.46	0.961 9**
	140	6 957.02	0.006 84	0.944 7**	6 858.07	19.16	0.944 2**

注：** 表示差异极显著。

（三）恩诺沙星的吸附热力学

分别在 15 ℃、20 ℃、25 ℃、30 ℃和 35 ℃下，研究底泥和土壤对恩诺沙星的吸附，结果如图 7-6 所示。从图 7-6 中可见，随着温度的升高，恩诺沙

星在底泥中的平衡吸附量逐渐降低，在底泥中 25 ℃时的吸附量比 15 ℃时降低
了 5.06 mg/kg；在土壤中吸附量却随着温度升高逐渐增大，在 25 ℃时的吸附
量比 15 ℃时升高了 6.92 mg/kg。在 30～35 ℃，土壤样品对恩诺沙星的吸附
量将不会随温度的变化而改变；由此可见，温度对恩诺沙星在样品中吸附过程
的影响并不强烈。造成恩诺沙星随温度的变化在底泥和土壤中表现出的不同效
果，是由于底泥和土壤本身性质的差异，以及恩诺沙星与两种样品间不同的反
应（冼昶华，2009）。

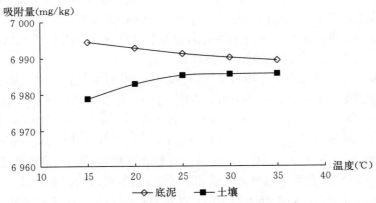

图 7-6　不同温度下底泥和土壤对恩诺沙星吸附量的影响

用 Langmuir 方程和 Freundlich 方程对不同温度下，恩诺沙星在底泥和土
壤样品中吸附情况进行数据分析，结果见表 7-4。从表 7-4 中可见，Freun-
dlich 方程拟合效果比 Langmuir 方程更好，相关性 r 为 0.983 4～0.999 9，对
拟合方程的 r 进行相关性检验，均达到差异极显著水平。随温度的变化，在
Freundlich 方程中代表吸附容量的参数 $\lg K_f$ 值也随之改变，其变化同 Lang-
muir 方程中拟合参数 Q_m 和 K_L 的趋势相符，在底泥中随温度升高而降低，在
土壤中随温度升高而增加。

表 7-4　不同温度下底泥和土壤对恩诺沙星等温吸附拟合参数

样品类型	温度(℃)	Langmuir 方程			Freundlich 方程		
		Q_m (mg/kg)	K_L (mg/L)	r	$\lg K_f$	$1/n$	r
底泥	15	14 314.65	9.80	0.951 6**	4.134	0.362	0.986 5**
	20	13 976.34	8.77	0.974 3**	4.089	0.344	0.993 4**
	25	13 743.57	7.69	0.991 5**	4.003	0.518	0.995 9**
	30	13 550.01	6.57	0.987 5**	3.975	0.463	0.997 6**
	35	13 522.15	6.34	0.950 6**	3.958	0.443	0.999 9**

（续）

样品类型	温度（℃）	Langmuir 方程			Freundlich 方程		
		Q_m （mg/kg）	K_L （mg/L）	r	$\lg K_f$	$1/n$	r
土壤	15	13 312.56	6.15	0.956 5**	3.858	0.734	0.986 5**
	20	13 412.29	7.34	0.983 4**	3.916	0.695	0.991 5**
	25	13 443.58	7.96	0.914 3**	3.934	0.651	0.999 7**
	30	13 458.75	8.34	0.976 5**	3.965	0.855	0.983 4**
	35	13 495.62	8.28	0.986 9**	3.965	0.761	0.990 0**

注：** 表示差异极显著。

（四）背景液不同 pH 对恩诺沙星吸附量的影响

在 pH 为 3、5、7、9、11 的情况下，底泥和土壤对恩诺沙星的吸附情况，如图 7-7 所示。从图 7-7 中可见，恩诺沙星吸附量的变化随 pH 的升高呈先增加后降低的趋势。当 pH=5 时，底泥和土壤对恩诺沙星的吸附能力最强，恩诺沙星的吸附量分别吸附总量的 99.90% 和 99.79%；当 pH=11 时，吸附能力最弱，底泥和土壤对恩诺沙星的吸附量占吸附总量的 96.36% 和 95.00%，吸附量分别下降了 3.53% 和 4.79%。由此可知，pH 对土壤吸附恩诺沙星的影响比对底泥大。这是因为在酸性条件下（pH<7），底泥和土壤表面主要以负电荷为主，$ENR-NH_3$ 与溶液中 H^+ 结合而呈 $ENRH_2^+$ 形态，有利于吸附。此时吸附机制主要是静电引力；但当 pH<5 时，溶液中 H^+ 过多，导致其与恩诺沙星竞争吸附位点，降低样品对恩诺沙星的吸附效果。在 pH=7 时，恩诺沙星呈 $ENRH^\pm$ 形态，此时虽仍可通过阳离子交换的形式将恩诺沙星吸附在样品表面上，但吸附效果要比酸性条件时低。当 pH>9 时，恩诺沙星的 —COOH 与 OH^- 结合而 ENR^- 形态，从而导致吸附量减小。由此可见，恩诺

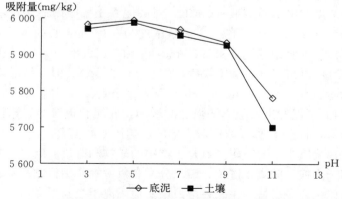

图 7-7　不同初始 pH 下底泥和土壤对恩诺沙星的吸附量

沙星在底泥和土壤中的吸附机制主要是阳离子交换。

不同 pH 下恩诺沙星在底泥和土壤中的吸附情况用 Langmuir 方程和 Freundlich 方程进行数据分析，其拟合结果如表 7-5。从表 7-5 中可见，Freundlich 方程的拟合效果比 Langmuir 方程拟合效果好，且方程中吸附容量 $\lg K_f$ 和吸附强度 K_L 的数值随 pH 的增加呈先增加后降低的趋势，在 pH=5 时最大，方程相关系数 r 为 0.954 3~0.999 9，对其进行方差分析，均达差异极显著水平。当 pH=11 时，Langmuir 方程和 Freundlich 方程无法对数据进行拟合；其原因可能是溶液碱性过高，使恩诺沙星在样品中的吸附过程变得更加复杂，无法单独用某种吸附方程进行描述。

表 7-5 不同初始 pH 下底泥和土壤对恩诺沙星的等温吸附拟合参数

样品类型	pH	Langmuir 方程			Freundlich 方程		
		Q_m (mg/kg)	K_L (mg/L)	r	$\lg K_f$	$1/n$	r
底泥	3	10 856.61	5.17	0.954 3	3.985	0.291	0.969 8
	5	13 628.56	6.82	0.999 9	4.198	0.557	0.999 9
	7	9 107.46	3.60	0.952 2	3.899	0.364	0.975 9
	9	8 558.65	3.42	0.972 4	3.765	0.314	0.984 3
	11	—	—	—	—	—	—
土壤	3	9 885.65	4.95	0.917 2	3.876	0.434	0.976 5
	5	11 675.59	5.65	0.958 5	4.069	0.501	0.995 8
	7	9 190.91	4.08	0.983 4	3.795	0.306	0.987 5
	9	8 675.15	3.76	0.852 1	3.634	0.265	0.954 3
	11	—	—	—	—	—	—

（五）背景液不同离子强度和离子类型对恩诺沙星吸附的影响

在不同浓度的电解质溶液（$CaCl_2$）对底泥和土壤吸附恩诺沙星的影响如图 7-8 所示。从图 7-8 中可见，$CaCl_2$ 浓度为 0.01 mol/L 的条件下，底泥和土壤对恩诺沙星的吸附量为 5 987.38 mg/kg 和 5 982.82 mg/kg，占初始添加总量的 99.79% 和 99.71%；而 $CaCl_2$ 浓度为 0.2 mol/L 时，样品对恩诺沙星的吸附量分别为 5 829.84 mg/kg 和 5 783.44 mg/kg，占总量的 97.16% 和 96.39%。由此可以看出，随离子强度的增加，底泥和土壤对恩诺沙星的吸附能力逐渐降低，且 Ca^{2+} 离子浓度对土壤的影响比底泥更大。

抗生素在土壤中主要吸附位点是土壤中的矿物和有机质组分，并且在吸附过程中阳离子交换、阳离子键桥、疏水分配和氢键等作用机制都会起到重要作用。当吸附以阳离子交换为主时，溶液中其他阳离子会与恩诺沙星产生竞争性吸附。因此，随着 Ca^{2+} 浓度的增加，活性吸附位点被 Ca^{2+} 占据的越多，吸附

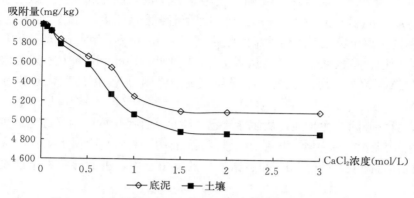

图 7-8　不同 $CaCl_2$ 浓度下底泥和土壤对恩诺沙星的吸附量

效果降低。当 $CaCl_2$ 浓度为 2.0 mol/L 时，底泥和土壤对恩诺沙星的吸附量分别为 5 096.52 mg/kg 和 4 886.63 mg/kg，占总量的 84.94% 和 81.44%，此时样品中活性位点基本达到饱和，Ca^{2+} 和恩诺沙星间的竞争吸附逐渐达到平衡。Ca^{2+} 浓度对土壤的影响更大，可能是因为土壤中活性位点相对较少，Ca^{2+} 和恩诺沙星的竞争吸附更强烈，导致土壤对恩诺沙星的吸附效果比底泥更差。

　　不同阳离子的存在对恩诺沙星的吸附影响存在差异。以浓度为 0.05 mol/L 的 NaCl、KCl、$MgCl_2$、$AlCl_3$ 和 $FeCl_3$ 代替 $CaCl_2$ 配制背景溶液，底泥和土壤对恩诺沙星的吸附情况如图 7-9 所示。从图 7-9 中可见，不同阳离子对恩诺沙星的吸附情况存在明显差异，底泥和土壤对恩诺沙星吸附量 Q 的趋势为：Q（Al^{3+}）＞Q（Na^+）＞Q（K^+）＞Q（Ca^{2+}）＞Q（Mg^{2+}）＞Q（Fe^{3+}）。电解质溶液中含 Al^{3+} 时吸附效果最佳，底泥中吸附量为 5 987.06 mg/kg，土壤中

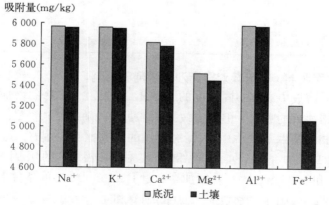

图 7-9　不同阳离子类型下底泥和土壤对恩诺沙星的吸附量

吸附量为 5 978.04 mg/kg；当电解质溶液是 Fe^{3+} 时，底泥和土壤中吸附量分别是 5 217.25 mg/kg 和 5 071.34 mg/kg，吸附量降低了 12.83% 和 15.12%。

不同阳离子类型对恩诺沙星的吸附用 Langmuir 方程和 Freundlich 方程进行拟合，拟合参数见表 7-6。从表 7-6 中可见，Freundlich 方程拟合效果更佳，除 Al^{3+} 之外，恩诺沙星在底泥和土壤中吸附 lgK_f 值的变化趋势基本如下：M^+（Na^+、K^+）＞M^{2+}（Ca^{2+}、Mg^{2+}）＞M^{3+}（Fe^{3+}）。可见阳离子价态越高，竞争吸附能力越强，从而导致恩诺沙星在样品中的吸附量逐渐减少。此外，由于恩诺沙星中含—F 基团，其与溶液中 Al^{3+} 发生络合反应，从而使 Al^{3+} 的活性降低，减轻 Al^{3+} 和恩诺沙星的竞争吸附，进而导致恩诺沙星吸附量升高。

表 7-6　不同阳离子类型下底泥和土壤对恩诺沙星的等温吸附拟合参数

样品类型	离子类型	Langmuir 方程			Freundlich 方程		
		Q_m（mg/kg）	K_L（mg/L）	r	lgK_f	$1/n$	r
底泥	Na^+	13 634.59	6.59	0.981 5	3.934	0.907	0.965 1
	K^+	13 485.15	6.15	0.960 5	3.918	0.865	0.982 5
	Ca^{2+}	12 430.65	5.43	0.954 3	3.715	0.619	0.988 6
	Mg^{2+}	10 589.55	4.95	0.970 1	3.685	0.507	0.926 4
	Al^{3+}	13 559.16	7.69	0.982 8	4.342	0.956	0.988 7
	Fe^{3+}	8 959.34	5.58	0.958 7	3.543	0.436	0.956 5
土壤	Na^+	10 785.15	6.65	0.926 7	4.140	0.788	0.967 5
	K^+	11 567.56	6.34	0.917 2	4.122	0.823	0.951 5
	Ca^{2+}	9 875.59	5.97	0.985 8	3.743	0.752	0.919 6
	Mg^{2+}	8 519.34	5.02	0.953 4	3.457	0.685	0.976 2
	Al^{3+}	12 189.58	7.95	0.997 5	4.119	0.896	0.977 2
	Fe^{3+}	7 734.57	4.55	0.966 5	3.225	0.555	0.985 9

（六）背景液 N、P 含量对恩诺沙星吸附的影响

在电解质溶液中添加不同浓度的 N、P，背景液 N、P 的增加有利于底泥和土壤对恩诺沙星的吸附，但促进效果并不明显；随 N、P 含量的升高，促进效果降低。相同条件下，N、P 含量对底泥的影响比对土壤好。在添加低含量 P（0.5 mol/L）的条件下，底泥和土壤对恩诺沙星的吸附量分别增加 6.14 mg/kg 和 6.05 mg/kg；在添加高含量 P（5 mol/L）的条件下，底泥和土壤对恩诺沙星的吸附量分别增加 4.60 mg/kg 和 4.13 mg/kg。N 的添加对恩诺沙星在底泥和土壤中的吸附同样具有促进效果，且效果比添加 P 明显。在添

加低含量 N（1 mol/L）的条件下，底泥和土壤对恩诺沙星的吸附量分别增加了 7.50 mg/kg 和 4.72 mg/kg；在添加高含量 N（10 mol/L）的条件下，吸附量分别增加 4.65 mg/kg 和 4.09 mg/kg。添加 N、P 混合溶液时，同样会促进底泥和土壤对恩诺沙星的吸附，恩诺沙星的吸附量随 N、P 含量的增加则降低。

对不同 N、P 含量下恩诺沙星在底泥和土壤中吸附情况用 Langmuir 方程和 Freundlich 方程进行数据分析如表 7-7 所示。从表 7-7 中可见，在不同 N、P 含量下，底泥和土壤对恩诺沙星的吸附情况均符合 Langmuir 方程和 Freundlich 方程，底泥吸附的拟合相关系数为 0.912 5～0.987 9 和 0.964 3～0.999 8，土壤吸附的拟合相关系数为 0.913 4～0.994 3 和 0.961 9～0.998 5，Freundlich 方程拟合效果更佳，对其进行差异显著性检验，均达到差异极显著水平。由拟合参数 lgK_f 可知，N、P 含量对恩诺沙星在底泥中促进吸附效果强弱顺序为：低 N 低 P＞低 N＞低 P＞高 N＞高 P＞高 N 高 P；在土壤中促进吸附效果强弱顺序为：低 N 低 P＞低 P＞低 N＞高 N＞高 P＞高 N 高 P。

表 7-7　不同 N、P 含量下底泥和土壤对恩诺沙星的等温吸附拟合参数

样品类型	含量	Langmuir 方程			Freundlich 方程		
		Q_m (mg/kg)	K_L (mg/L)	r	lgK_f	$1/n$	r
底泥	正常	12 657.16	8.65	0.965 7	3.995	0.576	0.969 1
	低 P	14 365.59	12.65	0.981 6	4.344	0.834	0.991 7
	高 P	13 215.34	9.43	0.987 9	4.189	0.717	0.999 8
	低 N	14 896.69	12.76	0.912 5	4.364	0.865	0.999 2
	高 N	13 767.75	10.55	0.952 7	4.285	0.769	0.964 3
	低 N 低 P	15 134.58	13.34	0.955 9	4.565	0.958	0.973 4
	高 N 高 P	13 130.98	8.70	0.958 5	4.069	0.697	0.982 9
土壤	正常	11 059.76	8.19	0.976 5	4.059	0.619	0.985 8
	低 P	13 865.65	11.59	0.961 5	4.251	0.795	0.998 1
	高 P	12 959.76	10.34	0.994 3	4.158	0.695	0.998 5
	低 N	13 467.75	10.76	0.963 4	4.234	0.761	0.961 9
	高 N	12 889.15	9.98	0.955 7	4.125	0.655	0.973 5
	低 N 低 P	14 567.69	12.69	0.956 9	4.374	0.822	0.997 5
	高 N 高 P	12 587.34	9.34	0.913 4	4.143	0.625	0.946 0

溶液中 N、P 含量的增加，会促进底泥和土壤对恩诺沙星的吸附，其原因可能是 N、P 与底泥和土壤中的某些官能团或腐殖质发生反应，从而加强了吸

附效果；但随溶液中 N、P 含量的增加，导致浓度过高从而引发 N、P 和恩诺沙星之间的竞争吸附，表现为恩诺沙星在底泥和土壤中促进吸附效果降低，吸附量下降。

第三节　底泥和土壤对恩诺沙星解吸特性研究

一、试验方案

（一）恩诺沙星的吸附等温试验

分别称取经 100 目滤网过滤后底泥和土壤样品（0.500 0±0.000 5）g，置于 50 mL 聚乙烯离心管中，加入 25 mL 初始浓度为 100 mg/L、110 mg/L、120 mg/L、130 mg/L、140 mg/L、150 mg/L 的恩诺沙星溶液，置于 25 ℃恒温振荡至吸附平衡后，离心弃去上清液，加入 25 mL 背景溶液，振荡 24 h 后，于 4 000 r/min 离心 10 min，上清液过 0.45 μm 滤膜，测定恩诺沙星的浓度。

（二）恩诺沙星的解吸动力学试验

分别称取经 100 目滤网过滤后底泥和土壤样品（0.500 0±0.000 5）g，置于 50 mL 聚乙烯离心管中，加入初始浓度为 120 mg/L 的恩诺沙星溶液25 mL。在 25 ℃下，恒温、避光振荡至平衡，离心弃去上清液，加入 25 mL 背景溶液，分别振荡 1 min、5 min、10 min、30 min、1 h、2 h、4 h、8 h、12 h、24 h 后取样，离心、过滤后，测定恩诺沙星的浓度。

（三）恩诺沙星的解吸热力学试验

参照恩诺沙星的吸附等温试验中的试验方法，配置 5 组初始浓度为 100 mg/L、110 mg/L、120 mg/L、130 mg/L、140 mg/L 的 25 mL 恩诺沙星溶液，置于 25 ℃恒温、避光条件下振荡至吸附平衡，离心弃去上清液，加入 25 mL 背景溶液，分别置于 15 ℃、20 ℃、25 ℃、30 ℃、35 ℃ 环境中振荡至解吸平衡，于 4 000 r/min 离心 10 min，取上清液经 0.45 μm 滤膜过滤后，测定恩诺沙星的浓度。

（四）不同影响因素对恩诺沙星解吸行为的影响

1. 背景液不同 pH 对恩诺沙星解吸行为的影响　称取底泥和土壤样品（0.500 0±0.000 5）g，加入初始浓度为 100 mg/L、110 mg/L、120 mg/L、130 mg/L、140 mg/L、150 mg/L 的恩诺沙星溶液 25 mL，于 25 ℃恒温、避光条件下振荡至吸附平衡，离心弃去上清液，再分别加入 pH 为 3、5、7、9、11 的背景溶液 25 mL，参照恩诺沙星的吸附等温试验中的试验方法重复操作。

2. 离子强度对恩诺沙星解吸行为的影响　称取底泥和土壤样品（0.500 0±0.000 5）g，加入初始浓度为 120 mg/L 的恩诺沙星溶液 25 mL，振荡平衡后，离心，去除上清液，加入 25 mL 不同浓度的 $CaCl_2$ 电解质溶液，使 $CaCl_2$ 浓度为 0.01 mol/L、0.05 mol/L、0.1 mol/L、0.2 mol/L、0.4 mol/L、0.5 mol/L、0.75 mol/L、1 mol/L、1.5 mol/L 和 2 mol/L，在 25 ℃下，恒温、避光振荡至平衡，离心、过滤，测定恩诺沙星的浓度。

3. 离子类型对恩诺沙星解吸行为的影响　称取样品（0.500 0±0.000 5）g，加入初始浓度为 100 mg/L、110 mg/L、120 mg/L、125 mg/L、130 mg/L、140 mg/L 的恩诺沙星溶液 25 mL，振荡平衡后，离心，去除上清液，加入 25 mL 用 KCl、NaCl、$MgCl_2$、$AlCl_3$、$FeCl_3$ 代替 $CaCl_2$ 配制新的背景溶液，测定溶液中恩诺沙星的浓度。

4. 不同 N、P 含量对恩诺沙星解吸行为的影响　称取样品（0.500 0±0.000 5）g，加入初始浓度为 100 mg/L、110 mg/L、120 mg/L、125 mg/L、130 mg/L、140 mg/L 的恩诺沙星溶液 25 mL，振荡平衡后，离心，去除上清液，加入 25 mL 含不同 N、P 含量的背景溶液使得背景溶液中 N、P 的含量分别为①N 为 1 mg/L、P 为 0 mg/L，②N 为 10 mg/L、P 为 0 mg/L，③N 为 0 mg/L、P 为 0.5 mg/L，④N 为 0 mg/L、P 为 5 mg/L，⑤N 为 1 mg/L、P 为0.5 mg/L，⑥N 为 10 mg/L、P 为 5 mg/L。对 6 组进行重复操作，测定上清液中恩诺沙星的浓度。

二、结果与分析

（一）恩诺沙星的解吸等温线

土壤和底泥对恩诺沙星的解吸等温线如图 7 - 10 所示。从图 7 - 10 中可见，随恩诺沙星溶液初始浓度的增加，恩诺沙星的解吸量也随之增加，且土壤的解吸量比底泥多。当恩诺沙星溶液初始浓度为 100 mg/L 时，底泥对恩诺沙

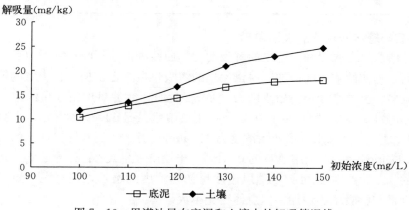

图 7 - 10　恩诺沙星在底泥和土壤中的解吸等温线

星的解吸量为 10.34 mg/kg，占吸附总量的 0.21%；土壤解吸量是 11.79 mg/kg，占吸附总量的 0.24%。恩诺沙星溶液初始浓度为 150 mg/L 时，底泥对恩诺沙星的解吸量为 18.17 mg/kg，占吸附总量的 0.24%；土壤解吸量是 24.83 mg/kg，占吸附总量的 0.33%。由此可知，随恩诺沙星溶液初始浓度的增加，在底泥中恩诺沙星的解吸量增加，但总体变化不大。

用滞后系数 HI 来描述恩诺沙星在底泥和土壤中的滞后现象。25 ℃时，恩诺沙星在样品中的滞后系数 HI 如表 7-8 所示。从表 7-8 可见，恩诺沙星在底泥和土壤中的滞后系数均小于 0.7，说明恩诺沙星在样品中的解吸速率小于吸附速率，为正滞后。在相同恩诺沙星初始浓度下，底泥的滞后系数大于土壤，说明底泥的滞后现象比土壤明显；所以，进入底泥黏粒层间结构中的恩诺沙星比土壤多，导致恩诺沙星在底泥中更难被释放。由于底泥和土壤均对恩诺沙星具有强烈的解吸滞后性，会导致恩诺沙星在环境中长期积累，造成环境风险，影响环境安全。

表 7-8　恩诺沙星在不同初始浓度下解吸滞后系数 HI

初始浓度（mg/L）	滞后系数 HI	
	底泥	土壤
100	0.001 05	0.000 27
110	0.000 83	0.000 43
120	0.000 65	0.000 52
130	0.001 06	0.000 43
140	0.001 44	0.000 34
150	0.001 43	0.000 57
平均 HI	0.001 08	0.000 43

（二）恩诺沙星的解吸动力学

恩诺沙星在底泥和土壤中的解吸动力学曲线如图 7-11 所示。从图 7-11 中可见，随初始浓度的增加，恩诺沙星的解吸量也随之增加，且土壤的解吸量比底泥多。当恩诺沙星初始浓度为 100 mg/L 时，底泥对恩诺沙星的解吸量为 10.34 mg/kg，占吸附总量的 0.21%；土壤解吸量是 11.79 mg/kg，占吸附总量的 0.24%。当恩诺沙星初始浓度为 150 mg/L 时，底泥对恩诺沙星的解吸量为 18.17 mg/kg，占吸附总量的 0.24%；土壤解吸量是 24.83 mg/kg，占吸附总量的 0.33%。由此可知，随恩诺沙星初始浓度的增加，在底泥中恩诺沙星的解吸量和解吸率均增加，但总体变化不大。

用准二级动力学方程和 Elovich 方程对恩诺沙星的解吸过程进行拟合，拟

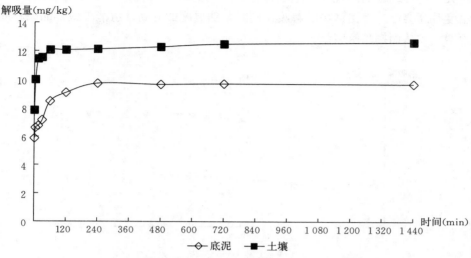

图 7-11　恩诺沙星在底泥和土壤中的解吸动力学曲线

合参数如表 7-9。从表 7-9 中可见，拟合方程相关系数 r 都能达到 0.900 0 以上，说明准二级动力学方程和 Elovich 方程对恩诺沙星的解吸过程均有较好的拟合性，对其进行差异显著性检验，均达到差异极显著水平。准二级动力学方程拟合效果更佳，在底泥和土壤中吸附速率常数 k_1 分别约为 0.14 kg/(mg·min)和 0.13 kg/(mg·min)，土壤的吸附速率常数较低，其原因可能是土壤的吸附能力较底泥弱，因此解吸平衡的时间更长。

表 7-9　恩诺沙星在底泥和土壤中解吸动力学拟合参数

样品类型	准二级动力学方程			Elovich 方程		
	Q_e	k_1 [kg/(mg·min)]	r	a	b	r
底泥	8.88	0.14	0.913 4**	5.61	0.63	0.968 5**
土壤	12.15	0.13	0.972 8**	9.02	0.58	0.928 5**

注：** 表示差异极显著。

（三）恩诺沙星的解吸热力学

　　在 15 ℃、20 ℃、25 ℃、30 ℃、35 ℃下，恩诺沙星在底泥和土壤中解吸量如图 7-12 所示。从图 7-12 中可见，随温度的升高，底泥和土壤对恩诺沙星的解吸量逐渐增大。在 15 ℃时，恩诺沙星在底泥中的解吸量为 6.56 mg/kg，在土壤中解吸量为 14.21 mg/kg；在 35 ℃时，在底泥和土壤中的解吸量分别为 9.15 mg/kg 和 19.57 mg/kg。随温度的升高，恩诺沙星底泥中解吸量的变化小于土壤的解吸量。由此可见，温度对恩诺沙星在土壤中的解吸过程的影响更大。这种现象的出现可能是因为恩诺沙星的解吸过程是一个弱的吸热反应，温度升高会促进恩诺沙星的解吸；同时，随温度的升高，可能导致样品颗粒间距增大，从而提高解吸量。

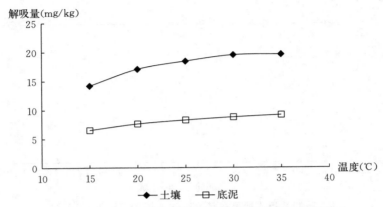

图 7-12　不同温度下底泥和土壤对恩诺沙星解吸量的影响

（四）背景液不同 pH 对恩诺沙星的解吸特性

背景液 pH 分别为 3、5、7、9、11 时，底泥和土壤对恩诺沙星的解吸量如图 7-13 所示。从图 7-13 可见，恩诺沙星在底泥和土壤中的解吸量随溶液 pH 的升高而增加。pH＝3 时，解吸量最低，分别为 8.13 mg/kg 和 15.59 mg/kg；在 pH＝11 时，解吸量最高，分别是 14.43 mg/kg 和 23.14 mg/kg。经研究发现，pH 每提高 2 个单位，解吸量增加 5%～20%，所以强碱条件有利于恩诺沙星在样品中的解吸。在酸性条件下（pH＜7），土壤和底泥表面主要以负电荷为主，恩诺沙星的—NH_3 与 H^+ 结合而呈 ENR_2^+ 形态，此时吸附力最强，

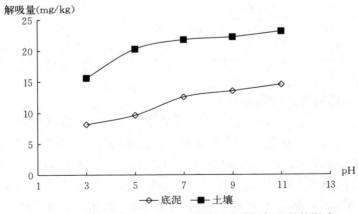

图 7-13　不同 pH 下底泥和土壤对恩诺沙星解吸量的影响

恩诺沙星不易被解吸释放；在 pH 为 7～9 时，恩诺沙星呈 ENRH$^{\pm}$ 形态存在，虽然此时恩诺沙星仍可以通过阳离子交换的方式与底泥和土壤相互结合，但吸附能力比酸性条件下稍弱，恩诺沙星解吸量增加；当 pH＞9 时，恩诺沙星的—COOH 与 OH$^-$ 结合而呈 ENR$^-$ 形态，样品吸附能力严重下降，解吸量明显增多。

（五）不同离子强度和离子类型对恩诺沙星解吸的影响

不同 CaCl$_2$ 浓度对恩诺沙星在底泥和土壤中解吸量的影响，如图 7－14 所示。从图 7－14 可见，随着背景液中 CaCl$_2$ 浓度的增加，恩诺沙星的解吸量也随之增加。在 CaCl$_2$ 浓度小于 0.2 mol/L 时，解吸量上升趋势较为明显。在 CaCl$_2$ 浓度为 0.01 mol/L 的条件下，恩诺沙星在底泥和土壤中的解吸量分别为 9.19 mg/kg 和 12.91 mg/kg；CaCl$_2$ 浓度为 0.20 mol/L 时，解吸量分别为 32.80 mg/kg 和 42.95 mg/kg，解吸量分别上升了 71.98％ 和 69.95％；但当 CaCl$_2$ 浓度大于 1.00 mol/L 时，恩诺沙星的解吸量趋于稳定，不会再随背景液中 CaCl$_2$ 浓度的增加而变化。

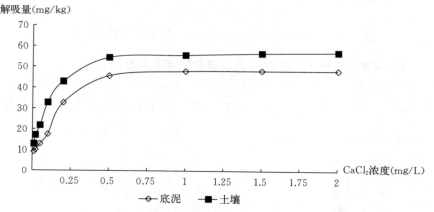

图 7－14　不同 CaCl$_2$ 浓度下底泥和土壤对恩诺沙星解吸量的影响

不同阳离子类型对恩诺沙星在底泥和土壤中解吸量的影响如图 7－15 所示。从图 7－15 可见，不同阳离子类型对恩诺沙星的解吸情况存在明显差异，样品对恩诺沙星解吸量 Q 的趋势为：Q（Fe^{3+}）＞Q（Mg^{2+}）＞Q（Ca^{2+}）＞Q（Al^{3+}）＞Q（K$^+$）＞Q（Na$^+$）。当电解质溶液为 FeCl$_3$ 时，解吸效果最佳，恩诺沙星在底泥中解吸量为 170.72 mg/kg，土壤中吸附量为 279.34 mg/kg；而电解质溶液为 MgCl$_2$ 时，在底泥和土壤中的解吸量分别是 92.79 mg/kg 和 146.95 mg/kg，解吸率下降了 45.65％ 和 47.40％。除 Al^{3+} 之外，解吸量 Q 变化趋势基本如下：Q^{3+}（Fe^{3+}）＞Q^{2+}（Ca^{2+}、Mg^{2+}）＞Q$^+$（Na$^+$、K$^+$）。可见阳离子价态越高，阳离子交换能力越强，底泥和土壤中恩诺沙星解吸量越多；而 Al^{3+} 的存在，可能和恩诺沙星中—F 基团发生络合反应或和底泥、土壤中某种物质发生反应，使得底泥和土壤与恩诺沙星结合得更为稳定，难以解吸。

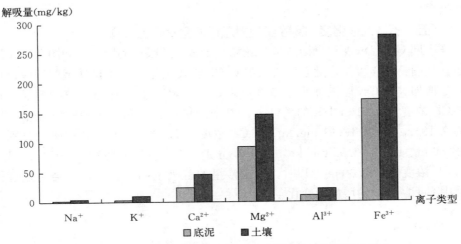

图 7-15 不同离子类型底泥和土壤对恩诺沙星解吸量的影响

（六）背景液不同 N、P 含量对恩诺沙星解吸的影响

溶液中不同 N、P 含量对恩诺沙星在底泥和土壤中解吸量如图 7-16 所示。从图 7-16 中可见，N、P 含量的增加，均不利于恩诺沙星在底泥和土壤

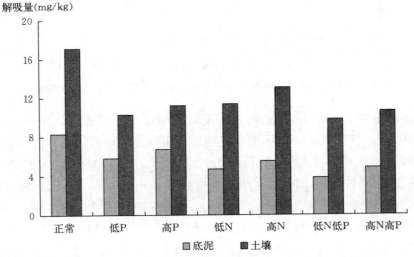

图 7-16 不同 N、P 含量下底泥和土壤对恩诺沙星解吸量的影响

中的解吸。没有外加 N、P 时，恩诺沙星在底泥和土壤中解吸量分别为 8.29 mg/kg 和 17.07 mg/kg；在低 P 含量条件下（0.5 mol/L），恩诺沙星的解吸量为 5.78 mg/kg 和 10.25 mg/kg，解吸量下降 30.27% 和 39.95%；在高 P 含量条件下（5 mol/L），解吸量为 6.70 mg/kg 和 11.19 mg/kg，解吸量下降了 19.18% 和 34.44%。在背景液中添加低 N（1 mol/L）和高 N（10 mol/L）的情况下，恩诺沙星在底泥和土壤的解吸量分别下降 43.79%、34.05% 和 33.50%、23.53%。由此可见，溶液中 N、P 的存在，对恩诺沙星解吸过程具有抑制效果；但随 N、P 含量升高，抑制效果降低，解吸量升高。在同时添加 N 和 P 的条件下，其解吸量小于单独添加 N、P，可见 N 和 P 之间对于解吸过程来说存在竞争关系。

第四节　结　　论

本研究以长春市新立城水库中底泥和周边土壤为研究对象，探究了样品对喹诺酮类抗生素恩诺沙星的吸附、解吸特性及各种环境因素对吸附、解吸过程的影响。研究结果如下。

（1）底泥和土壤对恩诺沙星的吸附量和解吸量均随恩诺沙星初始浓度的增加而增加。底泥和土壤对恩诺沙星的吸附效果很好，吸附率在 99% 以上；解吸效果不佳，解吸率为 0.21%～0.33%。底泥的吸附量比土壤高，但解吸量低于土壤。

（2）运用 Freundlich 方程拟合等温吸附效果最好，相关系数 r 为 0.985 8 和 0.978 2，均达差异极显著水平。恩诺沙星在样品中的解吸过程存在明显的滞后现象，底泥和土壤的平均滞后系数 HI 分别为 1.08×10^{-3} 和 0.43×10^{-3}，底泥的滞后现象比土壤明显。

（3）底泥和土壤对恩诺沙星的吸附和解吸过程均较好的符合准二级动力学方程。吸附方程相关系数 r 为 0.891 5～0.966 4，在样品中 6 h 基本达到吸附平衡；解吸拟合方程相关系数 r 为 0.913 4～0.972 8，在 5 h 左右达到解吸平衡。

（4）温度是影响底泥和土壤对恩诺沙星吸附和解吸过程的重要因素。随温度的升高，恩诺沙星在底泥中的平衡吸附量逐渐降低，而在土壤中却逐渐升高。在 30 ℃左右时，底泥和土壤对恩诺沙星的吸附趋于稳定。温度的升高同时也会使恩诺沙星在样品中的解吸量上升，但上升变化量有限，仅为 5～10 mg/kg。

（5）pH 的变化对恩诺沙星在底泥和土壤中吸附和解吸过程有非常重要的影响。恩诺沙星平衡吸附量随 pH 的升高呈先增加后降低的趋势，在底泥和土壤均在 pH＝5 时吸附能力最强，比 pH＝11 时升高了 3.53％和 4.79％；但解吸量在底泥和土壤随 pH 的升高而增加，在 pH＝11 时解吸量最高，比 pH＝3 时升高了 77.49％和 48.43％。经研究发现，pH 每提高 2，解吸量增加 5％～20％，说明强碱条件有利于恩诺沙星在底泥和土壤中的解吸。

（6）溶液中不同的离子强度和离子类型均对恩诺沙星在底泥和土壤中的吸附和解吸过程有重要影响。随电解质溶液中 $CaCl_2$ 浓度的增加，平衡吸附量逐渐降低，当 $CaCl_2$ 浓度上升至 2.0 mol/L 时，恩诺沙星吸附量变化趋于稳定，在底泥和土壤中吸附量比正常情况时分别下降了 12.22％和 14.95％。解吸量随 $CaCl_2$ 浓度的增加而增加，当 $CaCl_2$ 浓度上升至 1.0 mol/L 时，解吸量变化趋于稳定，在底泥和土壤中解吸量分别上升了 422％和 332％。除 Al^{3+} 之外，阳离子价态越高，恩诺沙星吸附量越低，解吸量越高。

（7）溶液中 N、P 含量的不同也会对恩诺沙星的吸附和解吸过程造成微弱影响。N、P 含量的增加均有利于底泥和土壤对恩诺沙星的吸附，但促进效果随 N、P 含量的升高而降低。对解吸过程而言，N、P 的添加均会抑制恩诺沙星在底泥和土壤中解吸行为，但随 N、P 含量的升高，抑制效果降低，解吸量升高。

主要参考文献

REFERENCES

鲍林林，李叙勇，2017. 河流沉积物磷的吸附释放特征及其影响因素 [J]. 生态环境学报，26（2）：350-356.

鲍艳宇，2008. 四环素类抗生素在土壤中的环境行为及生态毒性研究 [D]. 天津：南开大学.

鲍艳宇，周启星，万莹，等，2010. 3 种四环素类抗生素在褐土上的吸附和解吸 [J]. 中国环境科学，30（10）：1383-1388.

鲍艳宇，周启星，张浩，2009. 阳离子类型对土霉素在 2 种土壤中吸附-解吸影响 [J]. 环境科学，30（2）：551-556.

卜坤，张树文，闫业超，等，2008. 三江平原不同流域水土流失变化特征分析 [J]. 地理科学，28（3）：361-368.

蔡进功，郭志刚，李从先，等，2005. 水体中有机质的类型与有机质的沉积作用 [J]. 同济大学学报（自然科学版），33（9）：1213-1218.

曹利平，2004. 农业非点源浸染控制管理的经济政策体系研究 [D]. 北京：首都师范大学.

曹宁，曲东，陈新平，等，2006. 东北地区农田土壤氮、磷平衡及其对面源污染的贡献分析 [J]. 西北农林科技大学学报（自然科学版），34（7）：127-133.

陈炳发，吴敏，张迪，等，2012. 土壤无机矿物对抗生素的吸附机理研究进展 [J]. 化工进展，31（1）：193-200.

陈淼，俞花美，葛成军，等，2012. 诺氟沙星在热带土壤中的吸附-解吸特征研究 [J]. 生态环境学报，21（11）：1891-1896.

陈涛，常庆瑞，刘京，等，2012. 长期污灌农田土壤重金属污染及潜在环境风险评价 [J]. 农业环境科学学报，31（11）：2152-2159.

陈田，王涛，王道军，等，2010. 功能化有序介孔碳对重金属离子 Cu（Ⅱ）、Cr（Ⅵ）的选择性吸附行为 [J]. 物理化学学报，26（12）：249-256.

楚素梅，张文斌，2002. 环丙沙星不良反应及临床应用的再评价 [J]. 现代医药卫生（18）：964.

崔皓，王淑平，2012. 环丙沙星在潮土中的吸附特性 [J]. 环境科学，33（8）：2895-2900.

崔键，马友华，赵艳萍，等，2006. 农业面源污染的特性及防治对策 [J]. 中国农学通报，22（1）：335-340.

单保庆，尹澄清，白颖，等，2000. 小流域磷污染物非点源输出的人工降雨模拟研究 [J]. 环境科学学报，22（1）：33-37.

翟云波，戴青云，蒋康，等，2016. 高速公路土壤重金属污染状况及健康风险评价 [J]. 湖南大学学报（自科版），43（6）：149-156.

丁惠君，钟家有，吴亦潇，等，2017. 鄱阳湖流域南昌市城市湖泊水体抗生素污染特征及生态风险分析 [J]. 湖泊科学，29（4）：848-858.

丁长春，王兆群，丁清波，2001. 水体富营养化污染现状及防治 [J]. 甘肃环境研究与监测，14（2）：112-113.

董云会，刘正杰，2012. 离子强度、pH 和腐殖酸对膨润土吸附 Ni（Ⅱ）的影响 [J]. 原子能科学技术，46（10）：1175-1181.

段淑怀，路炳军，王晓燕，2007. 浅谈北京市山区水土流失与非点源污染 [J]. 中国水土保持，9：10-11.

范成新，相骑手弘，1997. 好氧和厌氧条件对霞浦湖沉积物-水界面氮磷交换的影响 [J]. 湖泊科学，9（4）：337-342.

范春辉，张颖超，蔡少渊，等，2013. 西北旱作农田黄土对 Pb（Ⅱ）的吸附-解吸行为研究 [J]. 干旱区资源与环境，27（9）：171-175.

方盛荣，徐颖，魏晓云，等，2009. 典型城市污染水体底泥中重金属形态分布和相关性 [J]. 生态环境学报，18（6）：2066-2070.

高鹏，莫测辉，李彦文，等，2011. 高岭土对喹诺酮类抗生素吸附特性的初步研究 [J]. 环境科学，2011，6（32）：1700-1744.

葛继红，2011. 江苏省农业面源污染及治理的经济学研究——以化肥污染与配方施肥技术推广政策为例 [D]. 南京：南京农业大学.

顾维，2010. 诺氟沙星在针铁矿和赤铁矿表面的吸附行为研究 [D]. 南京：南京信息工程大学.

管荷兰，于海凤，王嘉宇，2012. 氟喹诺酮类抗生素在土壤中的归趋及其生态毒性研究进展 [J]. 生态学杂志，31（12）：3228-3234.

郭丽，王淑平，周志强，等，2014. 环丙沙星在深浅两层潮土层中吸附-解吸特性研究 [J]. 农业环境科学学报，33（12）：2359-2367.

国彬，莫测辉，张茂生，等，2009. 典型抗生素在土壤-水-蔬菜系统中迁移分布的研究 [J]. 生态科学，2009，28（2）：169-173.

郝勤伟，徐向荣，陈辉，等，2017. 广州市南沙水产养殖区抗生素的残留特性 [J]. 热带海洋学报，36（1）：106-113.

何逸民，冯春复，阳燕，等，2009. 畜禽粪便污染及其技术进展 [J]. 广东畜牧兽医科技，34（1）：3-5，11.

何英，李九彬，王豪举，等，2018. 质粒介导的氟喹诺酮外排泵基因 qepA 的研究进展 [J]. 中国预防兽医学报，40（12）：103-109.

侯伟，张树文，李晓燕，等，2005. 黑土区耕地地力综合评价研究 [J]. 土壤与作物，21（1）：43-46.

胡宁静，骆永明，宋静，等，2010. 长江三角洲地区典型土壤对铅的吸附及其与有机质、pH 和温度的关系 [J]. 土壤学报，47（2）：246-252.

胡雪峰，高效江，陈振楼，2001. 上海市郊河流底泥氮磷释放规律的初步研究 [J]. 上海环境科学，20（2）：66-70.

胡月琪，郭建辉，张超，等，2019. 北京市道路扬尘重金属污染特征及潜在生态风险［J］. 环境科学，40（9）：3925-3934.

滑丽萍，华珞，高娟，等，2007. 中国湖泊底泥的重金属污染评价研究［J］. 土壤，38（4）：366-373.

黄绍平，姚月华，吴常青，等，2011. 我国农业面源污染研究进展［J］. 现代农业科技，11：264-265.

黄益宗，郝晓伟，雷鸣，等，2013. 重金属污染土壤修复技术及其修复实践［J］. 农业环境科学学报，3（3）：409-417.

贾广宁，2004. 重金属污染的危害与防治［J］. 有色矿冶，20（1）：39-42.

贾江雁，李明利，2011. 抗生素在环境中的迁移转化及生物效应研究进展［J］. 四川环境，30（1）：121-125.

姜强，夏建国，刘朗，等，2013. 不同土地利用方式下土壤微团聚体对 Pb^{2+} 的吸附解吸特性研究［J］. 水土保持学报，27（6）：237-243.

姜霞，王秋娟，王书航，等，2011. 太湖沉积物氮磷吸附解吸特征分析［J］. 环境科学，32（5）：1285-1291.

蒋增杰，王光花，方建光，等，2008. 桑沟湾养殖水域表层沉积物对磷酸盐的吸附特征［J］. 环境科学，29（12）：3405-3409.

金美淑，2010. 龙井市畜禽养殖污染现状及对策［J］. 吉林农业（9）：221，243.

金相灿，2001. 湖泊富营养化控制和管理技术［M］. 北京：化学工业出版社.

柯思捷，2013. 污染水体底泥中重金属治理研究现状［J］. 环境保护与循环经济，33（7）：39-41.

雷宏军，刘鑫，朱端卫，2007. 酸性土壤磷分级新方法建立与生物学评价［J］. 土壤学报，44（5）：860-866.

李兵，袁旭音，邓旭，2008. 不同 pH 条件下太湖入湖河道沉积物磷的释放［J］. 生态与农村环境学报，24（4）：57-62.

李贵宝，尹澄清，单宝庆，2001. 非点源污染控制与管理研究的概况与展望［J］. 农业环境保护，20（3）：190-191.

李海杰，2007. 吉林省双阳水库汇水区农业非点源污染研究［D］. 长春：吉林大学.

李金峰，2015. 农业面源污染现状分析与防治［J］. 河南农业，6：21-22.

李晶，徐玉玲，黎桂英，等，2019. 兰州市交通道路主要乔灌木植物叶片重金属累积及生理特性的分析［J］. 生态环境学报，28（5）：999-1006.

李靖，吴敏，毛真，等，2013. 热解底泥对两种氟喹诺酮类抗生素和双酚 A 的吸附［J］. 环境化学，32（4）：613-620.

李青山，苏保健，2008. 新立城水库藻类污染成因分析及治理对策措施［J］. 水文，28（6）：45-46，14.

李祥平，张飞，齐剑英，等，2012. 土壤有机质对铊在土壤中吸附-解吸行为的影响［J］. 环境工程学报，6（11）：4245-4250.

李秀芬，朱金兆，顾晓君，等，2010. 农业面源污染现状与防治进展 [J]. 中国人口、资源与环境，20（4）：81-84.

李雅丽，胥传来，2007. 喹诺酮类药物残留检测方法 [J]. 食品科学，28（11）：629-630.

李永庆，2017. 新立城水库水质演化规律及保护对策研究 [D]. 长春：吉林大学.

李玉，俞志明，曹西华，等，2005. 重金属在胶州湾表层沉积物中的分布与富集 [J]. 海洋与湖沼，36（6）：580-589.

李振，王云建，2009. 畜禽养殖中抗生素使用的现状、问题及对策 [J]. 中国动物保健：11（7）：55-57.

栗国勤，2008. 环丙沙星在临床应用中的不良反应及处理措施 [J]. 中国实用医药，3：153.

廖丹，2013. 兽用抗生素在水环境中的残留特征及有害效应 [J]. 热带农业工程，37（2）：11-14.

林素梅，王圣瑞，金相灿，等，2009. 湖泊表层沉积物可溶性有机氮含量及分布特性 [J]. 湖泊科学，21（5）：623-630.

林振波，何少华，夏勇锋，等，2014. 湘江衡阳段底泥吸附 Pb^{2+} 和 Cd^{2+} 的研究 [J]. 环境科学与技术（5）：42-46.

刘超，邢茂德，边文波，2017. 鲁中地区玉米田除草剂筛选试验研究 [J]. 农业科技通讯（5）：67-70.

刘恩峰，沈吉，朱育新，等，2004. 太湖沉积物重金属及营养盐污染研究 [J]. 沉积学报，22（3）：507-512.

刘鸪，2017. 饮用水水库非点源污染研究及水质保护体系构建 [D]. 西安：西安理工大学.

刘佳，2008. 重金属汞在中国两种典型土壤中的吸附解吸特性研究 [D]. 济南：山东大学.

刘佳，隋铭皓，朱春艳，2011. 水环境中抗生素的污染现状及其去除方法研究进展 [J]. 四川环境，30（2）：112-113.

刘建超，陆光华，杨晓凡，等，2012. 水环境中抗生素的分布累积及生态毒理效应征 [J]. 环境监测管理与技术，24（4）：14-20.

刘丽娟，刘虹，梁敏，等，2005. 喹诺酮类药物不良反应与药物相互作用 [J]. 医药导报，24（10）：959-960.

刘凌，崔广柏，王建中，2005. 太湖底泥氮污染分布规律及生态风险 [J]. 水利学报，36（8）：900-905.

刘培芳，陈振楼，刘杰，等，2002. 环境因子对长江口潮滩沉积物中 NH_4^+ 的释放影响 [J]. 环境科学研究，15（5）：29-32.

刘艳随，2007. 中国东部沿海地区乡村转型发展与新农村建设 [J]. 地理学报，62（6）：563-570.

罗潋葱，秦伯强，2003. 太湖波浪与湖流对沉积物再悬浮不同影响的研究 [J]. 水文，23（4）：1-4.

吕咏梅，2004. 氟喹诺酮类药物市场分析与发展前景 [J]. 化工文摘，24（5）：23.

马光，2000. 环境与可持续发展导论 [M]. 北京：科学出版社.

马世昌，1999. 化学物质辞典 [M]. 西安：陕西科学技术出版社.

马亚梦，谭秀民，毛香菊，等，2016. 典型铁尾矿库重金属污染评价及生态修复建议 [J]. 矿产保护与利用 (3)：49-56.

毛战坡，彭文启，尹澄清，等，2004. 非点源污染物在多水塘系统中的流失特征研究 [J]. 农业环境科学学报，23 (3)：530-535.

莫测辉，黄显东，吴小莲，等，2011. 蒙脱石对喹诺酮类抗生素的吸附平衡及动力学特征 [J]. 湖南大学学报（自然科学版），38 (6)：64-68.

倪九派，邵景安，谢德体，2017. 三峡库区农村面源污染解析 [M]. 北京：科学出版社.

彭畅，朱平，牛红红，等，2010. 农田氮磷流失与农业非点源污染及其防治 [J]. 土壤通报，41 (2)：508-512

彭达强，谢世友，2012. 石灰土与紫色土中铅的等温吸附-解吸特性 [J]. 湖北农业科学，51 (3)：493-496.

彭均，张玉江，杨光，2008. 诺氟沙星不良反应 [J]. 中国误诊学杂志 (8)：1502.

齐会勉，吕亮，乔显亮，2009. 抗生素在土壤中的吸附行为研究进展 [J]. 土壤，41 (5)：703-708.

钱易，张杰，2007. 东北地区有关水土资源配置、生态与环境保护和可持续发展的若干战略问题研究-水污染防治卷 [M]. 北京：科学出版社.

乔冬梅，齐学斌，庞鸿宾，等，2011. 不同 pH 条件下重金属 Pb^{2+} 的吸附解吸研究 [J]. 土壤通报 (1)：38-41.

任力洁，马秀兰，边炜涛，等，2016. 湖库底泥对重金属 Pb 吸附特性的研究 [J]. 水土保持学报，30 (5)：255-260，265.

任子航，马秀兰，王而立，2014. 西辽河不同粒级沉积物对重金属铅的富集特征 [J]. 环境科学与技术，37 (120)：175-182.

阮涌，嵇辛勤，文明，等，2012. 食品中铅污染检测技术研究进展 [J]. 贵州畜牧兽医，36 (5)，12-15.

尚爱安，刘玉荣，梁重山，等，2000. 土壤中重金属的生物有效性研究进展 [J]. 土壤，32 (6)：294-300.

沈善敏，2002. 氮肥在中国农业发展中的贡献和农业中的损失 [J]. 土壤学报，39：12-25.

沈亦龙，何品晶，邵立明，2004. 太湖五里湖底泥污染特性研究 [J]. 长江流域资源与环境，13 (6)：58-588.

孙花，2012. 湘江长沙段土壤和底泥重金属污染及其生态风险评价 [D]. 长沙：湖南师范大学.

孙娟，顾霜妹，李强坤，2008. 水土流失与农业非点源污染 [J]. 水利科技与经济，14 (12)：963-966.

孙琳琳，2010. 基于人工智能方法的长春新立城水库水质分析及富营养化趋势研究 [D]. 长春：东北师范大学.

孙文彬，杜斌，赵秀兰，等，2013. 三峡库区澎溪河底泥及消落区土壤磷的形态及吸附特性研究 [J]. 环境科学，34 (3)：1107-1113.

邰义萍，莫测辉，李彦文，等，2010. 长期施用粪肥土壤中喹诺酮类抗生素的含量与分布特征 [J]. 中国环境科学，30 (6)：816-821.

田家英，谭睿婕，柳玉英，等，2017. 基于现场检测和批量试验条件下双酚 A 和雌二醇在沉积物上的分配系数 [J]. 环境工程技术学报，7 (2)：140-145.

万国江，1998. 环境质量的地球化学原理 [M]. 北京：中国环境科学出版社.

汪昆平，章琴琴，郭劲松，等，2012. 环境中氟喹诺酮类抗生素残留检测和去除研究进展 [J]. 安全与环境学报，12 (2)：104-110.

王富民，马秀兰，边炜涛，等，2016. 湖库底泥对环丙沙星吸附特性的研究 [J]. 水土保持学报，20 (2)：312-316，322.

王冠星，闫学东，张凡，等，2014. 青藏高原路侧土壤重金属含量分布规律及影响因素研究 [J]. 环境科学学报，34 (2)：431-438.

王贵玲，蔺文静，2003. 污水灌溉对土壤的污染及其整治 [J]. 农业环境科学学报，22 (2)：163-166.

王洪涛，张俊华，丁少峰，等，2016. 开封城市河流表层沉积物重金属分布、污染来源及风险评估 [J]. 环境科学学报，36 (12)：4520-4530.

王金贵，吕家珑，曹莹菲，2011. 镉和铅在 2 种典型土壤中的吸附及其与温度的关系 [J]. 水土保持学报，25 (6)：254-259.

王敬国，林杉，李保国，2016. 氮循环与中国农业氮管理 [J]. 中国农业科学，49 (3)：503-517.

王路光，朱晓磊，王靖飞，等，2009. 环境水体中的残留抗生素及其潜在风险 [J]. 工业水处理，29 (5)：10-14.

王娜，单正军，葛峰，等，2010. 兽药的环境污染现状及管理建议 [J]. 环境监测管理与技术，22 (5)：14-18.

王圣瑞，焦立新，金相灿，等，2008. 长江中下游浅水湖泊沉积物总氮、可交换态氮与固定态铵的赋存特征 [J]. 环境科学学报，28 (1)：37-43.

王胜利，周婷，南忠仁，等，2011. 干旱区绿洲灌漠土对铜的吸附解吸特性研究 [J]. 土壤，43 (1)：81-88.

王书航，姜霞，钟立香，等，2010. 巢湖沉积物不同形态氮季节性赋存特征 [J]. 环境科学，31 (4)：946-953.

王未平，戴友芝，贾明畅，等，2012. 磁性海泡石表面零电荷点和吸附 Cd^{2+} 的特性 [J]. 环境化学，31 (11)：1691-1696.

王晓辉，2006. 巢湖流域非点源 N、P 污染排放负荷估算及控制研究 [D]. 安徽：合肥工业大学.

王晓军，潘恒健，杨丽原，等，2005. 南四湖表层沉积物重金属元素的污染分析 [J]. 海洋湖沼通报，2：22-28.

王学珍，刘东玲，李彩虹，2011. 农业非点源污染的环境影响及生态工程措施 [J]. 中国人口资源与环境，21 (3)：334-336.

王莹，陈玉成，杨志敏，2011. 次级河流底泥对 Pb 的吸附-解吸及其环境风险评估 [J]. 上

海环境科学 (6)：245-248.

王雨春，万国江，尹澄清，等，2002. 红枫湖、百花湖沉积物全氮、可交换态氮和固定铵的赋存特征 [J]. 湖泊科学，14 (4)：301-309.

魏子艳，2014. 土霉素、恩诺沙星、磺胺二甲嘧啶与铜单一及复合污染对土壤微生物的影响 [D]. 泰安：山东农业大学.

吴迪，程志飞，邓琴，等，2019. 山区路侧土壤-油菜系统重金属来源及关联特征 [J]. 生态科学，38 (2)：168-175.

吴平霄，徐玉芬，朱能武，等，2008. 高岭土/胡敏酸复合体对重金属离子吸附解吸实验研究 [J]. 矿物岩石地球化学通报，2008，27 (4)：356-362.

吴珊珊，孙慧兰，周永超，等，2019. 伊宁市道路土壤重金属污染现状及其环境质量评价 [J]. 干旱区研究，36 (3)：752-760.

吴小莲，莫测辉，李彦文，等，2011. 蔬菜中喹诺酮类抗生素污染探查与风险评价：以广州市超市蔬菜为例 [J]. 环境科学，32 (6)：1703-1709.

吴岩，杜立宇，高明和，等，2011. 农业面源污染现状及其防治措施 [J]. 环境治理，1：64-67.

吴银宝，汪植三，廖新俤，等，2005. 土壤对恩诺沙星的吸附和解吸特性研究 [J]. 生态环境，14 (5)：645-649.

吴正斌，邱东茹，贺峰，等，2001. 水生植物对富营养化水体水质净化作用研究 [J]. 武汉植物学研究，19 (4)：299-303.

武淑霞，2005. 我国农村畜禽养殖业氮磷排放变化特征及其对农业面源污染的影响 [D]. 北京：中国农业科学院研究生院.

夏家淇，1996. 土壤环境质量标准详解 [M]. 北京：中国环境科学出版社.

冼昶华，潘育方，陈丽慧，2009. 活性炭对恩诺沙星吸附的热力学与动力学研究 [J]. 化学时刊，23 (5)：56-59.

熊汉锋，王运华，谭启玲，等，2005. 梁子湖表层水氮的季节变化与沉积物氮释放初步研究 [J]. 华中农业大学学报，24 (5)：500-503.

徐洁，侯万国，周维芝，等，2007. 东北草甸棕壤对重金属铅的吸附行为研究 [J]. 山东大学学报 (理学版)，42 (5)：50-54.

徐轶群，熊慧欣，赵秀兰，2010. 底泥磷的吸附与释放研究进展 [J]. 三峡环境与生态，25 (11)：147-149.

许继军，刘志武，2011. 长江流域农业面源污染治理对策探讨 [J]. 人民长江，42 (9)：23-27.

许晓伟，黄岁樑，2011. 海河沉积物对菲的吸附解吸行为研究 [J]. 环境科学学报，31 (1)：114-122.

薛红喜，2007. 黄河包头段沉积物重金属吸附机制及污染生态学研究 [D]. 呼和浩特：内蒙古大学.

阳小成，赵佳丹，熊曼君，等，2018. 川西高原路侧土壤重金属分布特征及污染评价 [J]. 应用与环境生物学报，24 (2)：239-244.

杨杰文，蒋新，2002. Al 与 F 的络合作用对土壤吸附 Al 和 F 的影响 [J]. 环境科学学报，22 (2)：161-165.

杨金燕，杨肖娥，何振立，等，2005. 土壤中铅的吸附-解吸行为研究进展 [J]. 生态环境学报，14 (1)：102-107.

杨培峰，李卫平，于玲红，等，2015. 克鲁伦河滨岸带土壤重金属污染风险评估 [J]. 农业环境科学学报，34 (11)：2126-2132.

杨炜春，王琪全，刘维屏，2007. 除草剂莠去津在土壤-水环境中的吸附及其机理 [J]. 腐植酸，2007 (5)：53.

杨欣，陈江华，张艳玲，等，2010. 铅、镉在典型植烟土壤中的吸附-解吸特性及环境风险评估 [J]. 烟草科技，3：46-50.

杨勇，陈颖，张晓兰，等，2011. 农村非点源污染防治模式研究——以天津市宁河县为例 [J]. 安徽农业科学，39 (27)：16743-16746.

尹澄清，毛战坡，2002. 用生态工程技术控制农村非点源水污染 [J]. 应用生态学报，13 (2)：229-232.

于峰，史正涛，彭海英，2008. 农业非点源污染研究综述 [J]. 环境科学与管理，33 (8)：54-58，65.

于天仁，1996. 可变电荷土壤的电化学 [M]. 北京：科学出版社.

于颖，周启星，土新，等，2003. 黑土和棕壤对铜的吸附研究 [J]. 应用生态学报，14 (5)：761-765.

袁端端，2015. 失控的抗生素管理 [J]. 环境教育，8：25-26.

袁文权，2004. 西沥水库内源污染及其控制 [D]. 北京：清华大学.

张超，2008. 非点源污染模型研究及其大香溪河流域的应用 [D]. 北京：清华大学.

张晨东，马秀兰，安娜，等，2014. 典型湖库底泥对氮吸附特性研究 [J]. 水土保持学报，28 (1)：161-166.

张德新，2008. 吉林省水资源 [M]. 长春：吉林科技出版社.

张劲强，董元华，2007. 诺氟沙星在 4 种土壤中的吸附-解吸特征 [J]. 环境科学，28 (9)：2134-2140.

张劲强，董元华，2007. 阳离子强度和阳离子类型对诺氟沙星土壤吸附的影响 [J]. 环境科学，28 (10)：2383-2388.

张劲强，董元华，2008. 诺氟沙星的土壤吸附热力学与动力学研究 [J]. 土壤学报，45 (5)：978-986.

张晶，李敏，杨航，等，2013. 野鸭湖湿地土壤对正磷酸盐的吸附特性及机理分析 [J]. 北京林业大学学报，35 (2)：118-124.

张磊，2009. 镉在东北地区 4 种土壤中的吸附动力学 [J]. 中国农学通报，25 (9)：273-276.

张路，范成新，王建军，2008. 长江中下游湖泊沉积物氮磷形态与释放风险关系 [J]. 湖泊科学，20 (3)：263-270.

张琴，黄冠燚，赵玲，等，2011. pH 和离子对诺氟沙星在胡敏酸上吸附特性的影响 [J].

中国环境科学 (1)：78-83.

张秋玲，2010. 基于 SWAT 模型的平源区农业非点源污染模拟的研究 [D]. 杭州：浙江大学.

张树楠，贾兆月，肖润林，等，2013. 生态沟渠底泥属性与磷吸附特性研究 [J]. 环境科学，34 (3)：1101-1106.

张卫峰，马林，黄高强，等，2013. 中国氮肥发展、贡献和挑战 [J]. 中国农业科学，46 (15)：3161-3171.

张文强，黄益宗，招礼军，2009. 底泥重金属污染及其对水生生态系统的影响 [J]. 现代农业科学 (4)：155-158.

张旭，向垒，莫测辉，等，2014. 喹诺酮类抗生素在土壤中的迁移行为及影响因素研究 [J]. 农业环境科学学报，33 (7)：1345-1350.

张益智，赫颖，1994. 新立城水库非点源污染的研究 [J]. 吉林水利 (8)：31-33.

张迎新，2011. 冻融作用对重金属 Pb 和 Cd 在土壤中吸附/解吸作用的影响及其机理 [D]. 长春：吉林大学.

张妤，王帅，王玉军，2013. 乙草胺在酸化黑土中的吸附行为 [J]. 东北林业大学学报 (7)：137-140.

张增强，孟昭福，张一平，2000. 对 Elovich 方程的再认识 [J]. 土壤通报，31 (5)：208-209.

章明奎，王丽平，郑顺安，2008. 两种外源抗生素在农业土壤中的吸附与迁移特性 [J]. 生态学报，28 (2)：761-766.

赵蕾，曹海鹏，陈辉侯，等，2013. 恩诺沙星对银鲫急性毒性及血液生化指标的影响 [J]. 动物学杂志，48 (3)：446-450.

赵兴敏，赵兰坡，李明堂，等，2014. 水体底泥及岸边土壤有机无机复合体对磷吸附特性的对比 [J]. 环境科学学报，34 (5)：1285-1291.

郑一，王学军，2002. 非点源污染研究的进展与展望 [J]. 江西农业学报，13 (1)：105-110.

中国土壤学会农业化学专业委员会，1983. 土壤农业化学常规分析方法 [M]. 北京：科学出版社.

中国冶金百科全书总编辑委员会《金属材料卷》编辑委员会，2001. 中国冶金百科全书金属材料 [M]. 北京：冶金工业出版社.

钟立香，王书航，姜霞，等，2009. 连续分级提取法研究春季巢湖沉积物中不同结合态氮的赋存特征 [J]. 农业环境科学学报，28 (10)：2132-2137.

周启星，罗义，王美娥，2007. 抗生素的环境残留生态毒理及抗性基因污染 [J]. 生态毒理学报，2 (3)：243-251.

朱丹尼，邹胜章，周长松，等，2015. 岩溶区典型土壤对 Cd^{2+} 的吸附特性 [J]. 中国岩溶，34 (4)：402-409.

朱广伟，秦伯强，高光，等，2004. 长江中下游浅水湖泊沉积物中磷的形态及其与水相磷的关系 [J]. 环境科学学报，24 (3)：381-388.

朱维琴，章永松，林咸永，2000. 土壤矿物固定态铵研究进展 [J]. 土壤与环境，9 (4)：333－335.

朱兆良，1992. 中国土壤氮素 [M]. 南京：江苏科学技术出版社.

邹献中，徐建民，赵安珍，等，2003. 离子强度和 pH 对可变电荷土壤与铜离子相互作用的影响 [J]. 土壤学报，40 (6)：845－851.

邹贞，2009. 城市复合污染水体修复的初步研究 [D]. 上海：上海师范大学.

Almad A，Daschner F D，Kümmerer K，1999. Biodegradability of cefotiam，CIP rofloxacin，meropenem，penicillin G，and sulfamethoxazole and inhibition of wastewater bacteria [J]. Archives of Environmental Contamination and Toxicology (37)：158－163.

Berg G M，Repeta D L，LaRoche J，2002. Dissolved organic nitrogen hydrolysis rates in axenic cultures of Aureococcusanophagefferens (Pelagophyceae)：comparison with heterotrophic bacteria [J]. Applied and Environmental Microbiology，68 (1)：401－404.

Bjorklund H，Franklin A，Tysen E，1996. Usage of antibacterial and antiparasitic drugs in animals in Sweden between 1988 and 1993 [J]. The Veterinary Record，139：282－286.

Bolan N，Kunhikrishnan A，Thangarajan R，et al，2014. Remediation of heavy metal(loid) s scontaminated soils－to mobilize or to immobilize [J]. Journal of Hazardous Materials，266 (4)：141－166.

Calvet R，1989. Adsorption of organic chemicals in soils [J]. Environmental Health Perspectives，83：145－177.

Carleton J N，Grizzard T F，2001. Factors affecting the performance of stom water treatment wetlands [J]. WatRes，35 (6)：552－562.

Chen C Y，Deng W M，Xu X M，et al，2015. Phosphorus adsorption and release characteristics of surface sediments in Dianchi LakeChina [J]. Environ Earth Sciences，74 (5)：3689－3700.

Chen T H，Peng S C，HuiFang X U，et al，2005. Mechanism for Cu2＋Sorption on Palygorskite [J]. PEDOSPHERE，15 (3)：334－340.

Chen Yuantao，Zhang Wei，Yang Shubin，et al，2016. Understanding the adsorption mechanism of Ni (Ⅱ) on graphene oxides by batch experiments and density functional theory studies [J]. Science China，59 (4)：412－419.

Conkle J L，Lattao C，White J R，et al. Competitive sorption and desorption behavior for three fluoroquinolone antibiotics in a wastewater treatment wetland soil [J]. Chemosphere，80：1353－1359.

Cross A F，Schlesinger W H，1995. A literature review of the Hedley Fractionation：Applications to the biogeochemical cycle of soil phosphorus in natural ecosystems [J]. GeofisicaInternacional，64 (34)：197－214.

Dennis L C，Peter J V，Keith L，1997. Modeling Non－point Source Pollution in Vadose Zone with GIS [J]. Environment Science and Technology，8：2157－2175.

Ebbert J C，Kimm H，1998. Soil Processes and Chemical Transport [J]. Journalof Environmental Quality, 27: 372-380.

Erich M S, Fitzgeald C B, Porter G A, 2002. The effect of organic amendments on phosphorus chemistry in a potato cropping systems [J]. Agriculture, Ecosystems and Environment, 88 (1): 79-88.

Fatima Tamtam, Barbara Le Bot, TucDinh, 2011. A 50-year record of quinolone and sulfonamide antimicrobial agents in Seine River sediments [J]. J Soils Sediments (10): 1364-1368.

Gardner W S, Yang L Y, Cotner J B, et al, 2001. Nitrogen dynamics in sandy freshwater sediments (Saginaw Bay, Lake Huron) [J]. Journal of Great Lakes Research, 27 (1): 84-97.

Golet E M, Strehler A, Alder A C, et al, 2002. Determination of fluoroquinolone antibacterial agents in sewage sludge and sludge-treated soil using accelerated solvent extraction followed by solid-phase extraction [J]. Analytical Chemistry, 74 (21): 5455-5462.

Guan L Z, Zhou J J, Zhang Y, et al, 2013. Effects of biochars produced from different sources on arsenic adsorption and desorption in soil [J]. Chinese Journal of Applied Ecology, 24 (10): 2941-2946.

Halling Srensen B, Nors-Nielsen S, Lanzky PF, et al, 1998. Occurrence, fate and effects of pharmaceutical substances in the environment: A review [J]. Chemosphere, 36: 357-393.

He X, Wang Z, Nie X, et al, 2012. Residues of fluoroquinolones in marine aquaculture environment of the Pearl River Delta, South China [J]. Environmental Geochemistry & Health, 34 (3): 323-335.

Hinz C, 2001. Description of sorption data with isotherm equations [J]. Geoderma, 99 (3): 225-243.

Howarth R W, Roxanne M, 2006. Nitrogen as the limiting nutrient for eutrophication in coastal marine ecosystems: Evolving views over three decades [J]. Limnology and Oceanography (51): 364-376.

Hu X G, Zhou Q X, Luo Y, 2010. Occurrence and source analysis of typical veterinary antibiotics in manure, soil, vegetables and groundwater from organic vegetable bases, northern China [J]. Environmental Pollution, 158 (9): 2992-2998.

Huang L, Fang H W, He G, et al, 2016. Phosphorus adsorption on natural sediments with different pH incorporating surface morphology characterization [J]. Environmental Science and Pollution Research, 23 (18): 1-9.

HUANG W, WEBER W J JR, 1997. A distributed reactiv-ity model for sorption by soils and sediments. 10. Relation-ship betweendesorption, hysteresis, and the chemical charac-teristics of organic domains [J]. Environmental Science Technology (31): 2562-2569.

Huber A, Bach M, Freck H G, 1998. Modeling pesticide losses with surface runoff in Germany [J]. The Science of the Total Environment (223): 177-191.

Jin X C, Wang S G, Pang Y, et al, 2006. Phosphorus fractions and the effect of pH on the phosphorus release of the sediments from different trophic areas in Taihu Lake, China [J]. Environmental Pollution, 139 (20): 288 – 295.

Jin X D, He Y L, Kirumba G, et al, 2013. Phosphorus fractions and phosphate sorption – release characteristics of the sediment in the Yangtze River estuary eservoir [J]. Ecological Engineering (55): 62 – 66.

Kashulina G M, 2018. Monitoring of soil contamination by heavy metals in the impact zone of copper – nickel smelter on the kola peninsula [J]. Eurasian Soil Science, 51 (4): 467 – 478.

Katleen D B, Jurgen B, Christa C, 2012. Assessment of indirect human exposure to environmental sources of nickel: Oral exposure and risk characterization for systemic effects [J]. Science of the Total Environment, 419: 25 – 36.

Kemper N, 2008. Veterinary antibiotics in the aquatic and terrestrial environment [J]. Ecological Indicators (8): 1 – 13.

Khoia C M, Guonga V T, Merckxb R, 2006. Predicting the release of mineral nitrogen from hypersaline pond sediments used for brine shrimp Artemiafranciscana production in the Mekong Delta [J]. Aquaculture, 257 (1/4): 221 – 231.

Kronvang B, Graesboll P, Larsen SE, et al, 1996. Diffuse nutrient losses in Denmark [J]. Water Science and Technology (33): 81 – 83.

Kumar K, Gupta S C, Chander Y, et al, 2005. Antibiotic use inagriculture and its impact on the terrestrial environment [J]. Advances in Agronomy, 87 (5): 1 – 54.

Lai H T, Lin J J, 2009. Degradation of oxolinic acid and flumequine in aquaculture pond waters and sediments [J]. Chemosphere (75): 462 – 468.

Lee S I, 1979. Nonpoint source pollution [J]. Fisheries (2): 50 – 52.

Liikanen A, Murtoniemi T, Tanskanen H, et al, 2002. Effects of Temperature and Oxygen Availability on Greenhouse Gas and Nutrient Dynamics in Sediment of a Eutrophic Mid – Boreal Lake [J]. Biogeoehemistry, 59 (3): 269 – 286.

Liu R, Liu H, Wan D, et al, 2008. Characterization of the Songhua River sediments and evaluation of their adsorption behavior for nitrobenzene [J]. Journal of Environmental Sciences, 20 (7): 796 – 802.

Lizotte R, Locke M, Bingner R, et al, 2017. Effectiveness of Integrated Best Management Practices on Mitigation of Atrazine and Metolachlor in an Agricultural Lake Watershed [J]. Bulletin of Environmental Contamination & Toxicology, 98: 1 – 7.

Maitra N, Manna S K, Samanta S, et al, 2015. Ecological significance and phosphorus release potential of phosphate solubilizing bacteria in freshwater ecosystems [J]. Hydrobiologia, 745 (1): 69 – 83.

Migliore L, Cozzolino S, Fiori M, 2003. Phytotoxicity to and uptake of enrofloxacin in crop plants [J]. Chemosphere (52): 233 – 244.

Muchuwetia M, Birkettb J W, Chinyanga E, et al, 2006. Heavy metal content of vegetables irrigated with mixtures of wastewater and sewage sludge in Zimbabwe: Implications for human health [J]. Agriculture Ecosystems&Environment, 112 (1): 41 – 48.

Mustafa G, Singh B, Kookana R S, 2004. Cadmium adsorption and desorption behaviour on goethite at low equilibrium concentrations – effects of pH and index cations [J]. Chemosphere, 57 (10): 1325 – 1333.

Navarro A E, Cuizano N A, Lazo J C, et al, 2019. Comparative study of the removal of phenolic compounds by biological and non – biological adsorbents [J]. Journal of Hazardous Materials, 164 (2): 1439 – 1446.

Novotny V, Olem H, 1994. Water quality: prevention, identification and management of diffuse pollution [M]. New York: Van Nostrand Reinhold Reinhold Company.

Nowlin W H, Evarts J L, Vanni M J, 2005. Release rates and potential fates of nitrogen and phosphorus from sediments in a eutrophic reservoir [J]. Freshwater Biology, 50 (2): 301 – 322.

Ongley E D, Xiaolan Z, Tao Y, 2010. Current status of agriculturaland rural non – point source pollution assessment in China [J]. Environmental Pollution, 158 (5): 1159 –1168.

Pantoja S, Lee C, 1999. Molecular weight distribution of proteinaceous material in Long Island Sound sediments [J]. Limnology and Oceanography, 44 (5): 1323 – 1330.

Pehlivan H, Balkoese D, Uelkue S, et al, 2005. Characterization of pure and silver exchanged natural zeolite filled polypropylene composite films [J]. Composites Science & Technology, 65 (13): 2049 – 2058.

Pico Y, Andren V, 2007. Fluoroquinolones in soil – risks and challenges [J]. Analytical and Bioanalytical Chemistry, 38 (1): 1287 – 1299.

Prithviraj D, DeboleenaK. , NeeluN, 2014. Biosorption of nickel by Lysinibacillus sp. BA2 native to bauxite mine [J]. Exotoxicology and Environmental Safety, 107: 260 – 268.

Qin F, Shan X Q, Wei B, 2004. Effects of low – molecular – weight organic acids and residence time on desorption of Cu, Cd and Pb from soils [J]. Chemosphere, 57 (4): 253.

Reed T, Carpenter S R, 2002. Comparisons of P – yield, riparian buffer strips, and land cover in six agricultural watersheds [J]. Ecosystems (5): 568 – 577.

Salazar – Ledesma M, Prado B, Zamora O, et al, 2018. Mobility of atrazine in soils of a wastewater irrigated maize field [J]. Agriculture Ecosystems & Environment, 255, 73 – 83.

Samanidou V F, Giannakis D E, Papadaki A, 2015. Development and validation of an HPLC method for the determination of seven penicillin antibiotics in veterinary drugs and bovine blood plasma [J]. Journal of Separation Science, 32 (9): 1302 – 1311.

Samueisen O B, 1989. Degradation of oxytetracycline in seawater at two different temperatures and light intensities and the persistence of oxytetracycline in the sediment from a fish farm [J]. Aquculure, 83 (12): 7 – 16.

Sibley S D, Pedersen J A, 2008. Interaction of the macrolide antimicrobial clarithromycin with dissolved humic acid [J]. Environ. Sci. Technol, 42 (2): 422 - 428.

Song X, Wang S, Chen L, et al, 2009. Effect of pH, ionic strength and temperature on the sorption of radionickel on Na~montmorillonite [J]. Applied Radiation &. Isotopes Including Data Instrumentation &. Methods for Use in Agriculture Industry &. Medicine, 67 (6): 1007 - 1012.

Spodniewska A, arski D, 2016. Concentration of hepatic vitamins A and E in rats exposed to chlorpyrifos and/or ENR ofloxacin [J]. Polish Journal of Veterinary Sciences, 19 (2): 371 - 378.

Stockwell V O, 2012. Use of antibiotics in plant agriculture [J]. Revue Scientifique Et Technique, 31 (1): 199.

Sukul P, Lamsh M, Zühlke S, et al, 2008. Sorption and desorption of sulfadiazine in soil and soil - manure systems [J]. Chemosphere, 73 (8): 344 - 1350.

Sukul P, Spiteller M, 2007. Fluoroquinolone Antibiotics in the Environment [J]. Reviews of Environmental Contamination &. Toxicology, 191 (91): 131.

Tolls J, 2001. Sorption of Veterinary Pharmaceuticals in Soils: A Review [J]. Environ Sci Technol, 35: 3397 - 3406.

Turner A, Roux, S M L, et al, 2008. Adsorption of cadmium to iron and manganese oxides during estuarine mixing [J]. Marine Chemistry, 108 (1): 77 - 84.

Unlü N, Ersoz M, 2006. Adsorption characteristics of heavy metal iononto a low cost biopolymeric sorbent from aqueous solutions [J]. Journal of Hazardous Materials, 136 (2): 272 - 280.

Vasudevan D, Bruland G L, Torrance B S, et al, 2009. pH - dependent CIProfloxacin sorption to soils: Interaction mechanisms and soil factors influencing sorption [J]. Geoderma, 151 (3 - 4): 68 - 76.

Vukosav P, MlakarM, CukrovN, et al, 2014. Heavy metal contents in water, sediment and fish in a karst aquatic ecosystem of the plitvice lakes national park (croatia) [J]. Environmental Science &. Pollution Research, 21 (5): 3826 - 3839.

Wang L, Liang T, Chen Y, 2015. Distribution Characteristics of Phosphorus in the Sediments and Overlying Water of Poyang Lake [J]. PLOSONE, 10 (5): 125 - 159.

Wang S B, Soudi M, Li L, et al, 2006. Coal ash conversion into effective adsorbents for removal of heavy metals and dyes from wastewater [J]. Journal of Hazardous Materials, 133 (1 - 3): 243 - 251.

Wang, Li, Jiang, et al, 2011. Adsorption of CIProfloxacin on 2: 1dioctahedral clay minerals [J]. Applied Clay Science, 53: 723 - 728.

Wu Y H, Hu Z Y, Yang L Z, 2011. Strategies for controlling agriculturalnon - point source pollution: reduce - retain - restoration (3R) theory and its ractice [J]. Transactions of the Chinese Society of Agricultural Engineering, 27 (5): 1 - 6.

Yan W, Hu S, Jing C, 2012. Enrofloxacin sorption on smectite clays: Effects of pH, cations, and humic acid [J]. Journal of Colloid and Interface Science, 372 (1): 141 - 145.

Yang C, Tong L, Liu X L, et al, 2019. High - resolution imaging of phosphorus mobilization and iron redox cycling in sediments from Honghu LakeChina [J]. Journal of Soils and Sediments, 19 (11): 3856 - 3865.

Yang X, Flowers R C, Weinberg HS, et al, 2011. Occurrence and removal of pharmaceuticals and personal care products (PPCPs) in an advanced wastewater reclamation plant [J]. Water Research, 45 (16): 5218 - 5228.

图书在版编目（CIP）数据

农业面源污染迁移特征及防控技术 / 马秀兰，王鸿
斌，韩兴主编 . —北京：中国农业出版社，2021.1
ISBN 978 - 7 - 109 - 28358 - 9

Ⅰ.①农… Ⅱ.①马… ②王… ③韩… Ⅲ.①农业污
染源－面源污染－污染防治－研究－长春 Ⅳ.①X501

中国版本图书馆 CIP 数据核字（2021）第 110849 号

中国农业出版社出版

地址：北京市朝阳区麦子店街 18 号楼
邮编：100125
责任编辑：廖　宁　　文字编辑：胡烨芳
版式设计：王　晨　　责任校对：吴丽婷
印刷：北京中兴印刷有限公司
版次：2021 年 1 月第 1 版
印次：2021 年 1 月北京第 1 次印刷
发行：新华书店北京发行所
开本：700mm×1000mm　1/16
印张：10.5
字数：220 千字
定价：48.00 元
